WERKSTATTBÜCHER

FÜR BETRIEBSFACHLEUTE, KONSTRUKTEURE UND STUDIERENDE
HERAUSGEBER DR.-ING. H. HAAKE, HAMBURG

HEFT 89

Brennhärten

Von

Dr.-Ing. Hans Wilh. Grönegress

Gevelsberg (Westf.)

Dritte verbesserte Auflage
(13. bis 18. Tausend)

Mit 92 Abbildungen

Springer-Verlag Berlin Heidelberg GmbH
1962

ISBN 978-3-540-02927-4   ISBN 978-3-662-30141-8 (eBook)
DOI 10.1007/978-3-662-30141-8

Inhaltsverzeichnis

Vorwort

Das vorliegende Werkstattbuch[1] will den Leser mit den Besonderheiten eines Härteverfahrens bekannt machen, das auf Grund seiner vielfältigen Vorzüge weitgehend den Weg in die Werkstätten gefunden hat. Der Inhalt des Werkstattbuches Heft 7[2] wird als bekannt vorausgesetzt und hier nur so weit auf Bekanntes eingegangen, als es zum besseren Verständnis des Gesagten unumgänglich erscheint. Demjenigen, der sich einen tieferen Einblick in das Wesen des Härtevorganges verschaffen will, sei außerdem das Studium der Einführung in die Stahlkunde von SCHEER[3] angelegentlich empfohlen.

Einleitung

1. Benennung des Verfahrens. Beim Brennhärten handelt es sich um ein aus dem bekannten Abschreckhärten entwickeltes Verfahren zum oberflächlichen Härten von Vergütungsstählen. Für dieses Verfahren schlug der Verfasser in Anlehnung an das bekannte Brennschneiden die Bezeichnung „Brennhärten" vor, da die Verwendung von Brennern an Stelle von Öfen ein wesentliches Kennzeichen des Verfahrens ist. Dieser Ausdruck kennzeichnet hinreichend kurz und einprägsam das Wesen des neuen Verfahrens und hat sich inzwischen weitgehend eingebürgert.

2. Kennzeichen des Brennhärtens. Beim Brennhärten wird die zu härtende Fläche mit einem Brenner großer Flammenleistung (ungefähr $0{,}5 \cdot 10^6$ kcal je m Schlitzlänge u. Std.), der mit einem Brenngas-Sauerstoffgemisch gespeist wird, örtlich so schnell auf Härtetemperatur erhitzt, daß in der Oberfläche ein Wärmestau entsteht. Durch sofort folgendes Abschrecken wird das Eindringen der Wärme in größere Tiefen verhindert und nur die dem Verschleiß unterliegende Oberfläche gehärtet. Der Kern des Werkstückes bleibt im Unterschied zu den Härteverfahren, bei denen in Öfen das ganze Werkstück erwärmt wird, von der Härtebehandlung unberührt. Daraus folgt:

1. *werkstoffmäßig*: Infolge der kurzen zur Verfügung stehenden Zeit kann keine Aufkohlung erfolgen. Der Werkstoff muß daher die Härtebildner bereits enthalten.

2. *gestaltmäßig*: Die zu härtende Oberfläche muß so gestaltet sein, daß sie mit Brennern behandelt werden kann.

3. *betriebsmäßig*: Die Brenner sind sofort betriebsbereit, Anheizzeiten und Leerlaufverluste fallen fort. Die Härtegeschwindigkeit ist außerordentlich groß, deshalb geringster Zeit- und Kostenaufwand. Der Härteverzug ist sehr gering, da die Wärmebehandlung nur den auf Verschleiß beanspruchten Teil der Oberfläche erfaßt.

I. Verschleiß, seine Bedeutung und Bekämpfung

A. Oberflächenhärte als Verschleißschutz

3. Verschleiß. a) Systematische Ordnung des Verschleißgebietes. Nach DIN-Vornorm 50320 ist der Verschleiß gekennzeichnet durch die Art des Grundwerkstoffes, des Gegenwerkstoffes, des Zwischenstoffes und die Bewegungs- und Belastungsbedingungen zwischen Grund- und Gegenwerkstoff (s. Tab. 1).

---

[1] Die erste Auflage ist 1942, die zweite 1950 erschienen.
[2] MALMBERG, W.: Glühen, Härten und Vergüten des Stahles, 7. Aufl. 1961.
[3] SCHEER, L.: Was ist Stahl?, 12. Aufl., Berlin/Göttingen/Heidelberg: Springer 1962.

Tabelle 1. *Kurzzeichen für Grund- und Gegenwerkstoff*

Benennung	Kurz-zeichen	Benennung	Kurz-zeichen
Gummi	G	Metall	Me
Holz	H	Mineral	Mi
Kunststoff	K	Textilien	T
Leder	L	Sonstige Feststoffe	F
Strömende Stoffe (Gase, Dämpfe, Flüssigkeiten, evtl. vermischt mit festen Stoffen)			X

Unter Berücksichtigung desZwischenstoffes und derBewegungs- und Belastungsbedingungen kommt man zu einer systematischen Ordnung des.Verschleißgebietes gemäß Tab. 2.

Tabelle 2. *Zusammenstellung der Verschleißarten*

Zwischenstoff	Bewegung	Belastung	Benennung (Art des Verschl.)	Kurz-zeichen
flüssig	Gleiten		Schmier-Gleit-V.	1
	Rollen		Schmier-Roll-V.	2
flüssig korrodierend	Gleiten	ruhend	Korrosions-Gleit-V.	1a
	Rollen		Korrosions-Roll-V.	2a
gasförmig	Gleiten	oder	Trocken-Gleit-V.	3
	Rollen	schwingend	Trocken-Roll-V.	4
fest	Gleiten		Korn-Gleit-V.	5
	Rollen		Korn-Roll-V.	6
—	wiederholter Stoß zweier fester Körper		Stoß-Verschl.	7
—	geschlossene Strömung	parallel zur Ver-	Gleit-Strahl-V.	14a
		schräg schleiß-	Schräg-Strahl-V.	14b
		senkrecht fläche	Prall-Strahl-V.	14c
—	Stoß zusammenstürzender Hohlsoggebiete		Sog-Verschl.	15
—	Stoß frei fliegender Flüssigkeitsteile		Tropfenschlag-V.	16
	Sonstige		Sonstig. V.	17

Beispiel: Grundkörper:Gegenstoff, Übrige Verschleißbed., Genormtes Prüfverfahren:

      Me   :   Mi   3   DIN 50330

Das *Brennhärten* als Mittel zur Verschleißminderung setzt als Grund- oder Gegenwerkstoff oder für beide eine härtbare Eisenlegierung voraus und hat sich bewährt bei den Verschleißbeanspruchungen 1 bis 7 und 16, während eine erfolgreiche Anwendung auf den Verschleißgebieten 14 und 15 bislang nicht bekanntgeworden ist.

b) Gleitverschleiß. Beim Schmiergleitverschleiß reicht im allgemeinen eine mittlere Oberflächenhärte von $50 \cdots 55\ RC$ aus bei einer Einhärtetiefe von wenigen Zehntel Millimetern. Zumeist genügt es ferner, wenn nur der Grund- *oder* Gegenwerkstoff gehärtet wird, weil damit gleichzeitig die Lebensdauer des weichgebliebenen anderen Werkstoffes zunimmt. Dagegen müssen beim Korngleitverschleiß Grund- *und* Gegenwerkstoff gehärtet werden, da andernfalls sich der Zwischenstoff in den weicheren Werkstoff einbettet und so der härtere Werkstoff vorzeitig verschleißt. Wegen der schärferen Verschleißbedingungen ist gleichzeitig eine größere Oberflächenhärte von etwa $55 \cdots 60\ RC$ mit einer Einhärtetiefe von $2 \cdots 3$ mm erforderlich.

c) **Rollverschleiß.** Der Einfluß von Oberflächenhärte und Einhärtetiefe auf den Widerstand der Oberfläche gegen Rollverschleiß ist seit langem weitgehend geklärt. Bei rollender Beanspruchung tritt der Verschleiß einmal als Abrieb und zum anderen als Grübchenbildung

Belastungsart	P kp/cm Werkstoff 1 Elastizitätsmodul E_1 Werkstoff 2 Elastizitätsmodul E_2	$E_1 = E_2 = E$ $T_1 = T \quad T_2 = \infty$	$E_1 = E_2 = E$
Spannungsverteilung längs einer Symetrieachse			
Halbe Länge der Drucklinie a cm	$a = 2\sqrt{\dfrac{1-\dfrac{1}{m^2}}{\pi} \cdot P \cdot \dfrac{\dfrac{1}{E_1}+\dfrac{1}{E_2}}{\dfrac{1}{T_1}+\dfrac{1}{T_2}}}$	$a = 2\sqrt{\dfrac{2}{\pi}\left(1-\dfrac{1}{m^2}\right)\dfrac{P\,T}{E}}$	$a = \sqrt[3]{\dfrac{3}{2}\left(1-\dfrac{1}{m^2}\right)\dfrac{P\,T}{E}}$
Lage des Maximums der Schubspannung unter der Oberfläche in cm	$0,78\,a$	$0,78\,a$	$0,47\,a$
Notwendige Einhärtetiefe cm	$1,0\,a$	$1,0\,a$	$0,6\,a$

Abb. 1. Ermittlung der notwendigen Einhärtetiefe bei rollender Reibung (nach FÖPPL)
P spezifische Kraft [kp/cm Berührungsbreite]; m (POISSONsche Zahl) $= 10/3$ für Stahl

auf. Der *Abrieb* wird durch Härten der Oberfläche vermindert. Über die Grübchenbildung, bei der Teile aus der gehärteten Oberfläche herausgerissen und so die Werkstücke vorzeitig unbrauchbar werden, bestehen folgende Erkenntnisse:

Als *Ursache für das Auftreten von Pittings* fand FÖPPL, daß die größte Anstrengung der Oberfläche durch das darüberrollende Gegenwerkstück nicht an der Oberfläche, sondern erst in einer bestimmten Tiefe auftritt. Zu unterscheiden sind drei Belastungsarten (Abb. 1): 1. Zwei Walzen aufeinander, 2. Walze und Ebene, 3. Kugel und Ebene.

Nach Abb. 1 liegt der Höchstwert der Schubspannung um 0,78a und im 3. Falle um 0,47a unterhalb der Oberfläche, wobei „a" die halbe Länge der Drucklinie ist. Sie kann mit Hilfe der in der Abbildung angegebenen Formel berechnet werden.

Um mit Sicherheit das Auftreten von Grübchenbildung in der gehärteten Oberfläche zu vermeiden, muß die Einhärtetiefe in den Belastungsfällen 1 und 2 mindestens $= a$, im Belastungsfall 3 mindestens $= 0,6\,a$ sein.

Nach NIEMANN wird die Beanspruchung, die bei rollender Reibung auf die Dauer ohne merklichen Verschleiß ertragen wird, die Dauerwalzenfestigkeit k_d genannt. Sie ist gemäß Abb. 2 proportional dem Quadrat der Brinellhärte.

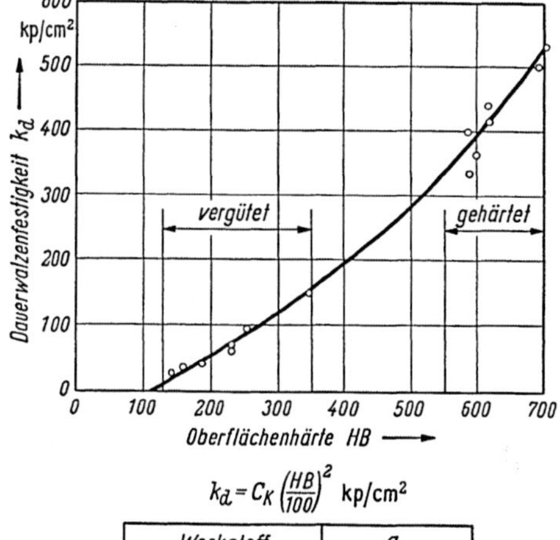

$$k_d = C_K \left(\frac{HB}{100}\right)^2 \text{ kp/cm}^2$$

Werkstoff	C_K
C-Stähle	12,9 — 11,5
vergütete Stähle	14,8 — 12,5
gehärtete Stähle	13,7 — 11,5
Grauguß	6,7 — 7,4
Stahlguß	15,0 — 16,3

Abb. 2. Dauerwalzenfestigkeit k_d in Abhängigkeit von der Brinellhärte (nach NIEMANN)

Durch *Brennhärten* kann die Dauerwalzenfestigkeit k_d der Oberfläche bis auf den 15fachen Betrag der Beanspruchung gesteigert werden, die die ungehärtete Oberfläche des gleichen Werkstoffes zu ertragen vermag. Demzufolge konnte durch Beidflankenhärtung die Lebensdauer solcher Zahnräder, die bisher wegen ihrer Abmessungen im Einsatzverfahren nicht zu härten waren, wesentlich erhöht werden.

d) Tropfenschlagverschleiß beansprucht die Turbinenschaufeln in der Niederdruckstufe von Dampfturbinen, die Dampfventile und ähnliche Teile. Hier hat sich das Brennhärten bewährt, sofern die Schaufeln oder Ventilteller und Sitze aus einem rostfreien, hochlegierten Stahl angefertigt werden.

e) Verschleißverluste der Volkswirtschaft setzen sich zusammen aus
1. Kosten für die Neufertigung der Verschleißteile selbst,
2. Aus- und Einbaukosten,
3. Produktionsausfall durch Stillstand der Anlagen.

Sind schon die Kosten 1 und 2 nicht unbedeutend, so können die Kosten 3 sehr bedeutend werden, z. B. durch Ausfall einer Engpaßmaschine oder eines Kranes. Für den deutschen Braunkohlenbergbau ermittelte WAHL den Gesamtbetrag der Verschleißschäden auf 4—5% des Jahresproduktionswertes. Ähnliche Beispiele ließen sich aus anderen Fertigungszweigen anführen. Die ständig gesteigerten Geschwindigkeiten und Leistungen bei geringerem Maschinengewicht im neueren Werkzeugmaschinen- und Fahrzeugbau sind ohne verbesserten Verschleißschutz undenkbar.

4. Verschleißminderung erzielt man für den Stahl als wichtigsten Baustoff durch das Härten, wobei es genügt, wenn dieOberfläche, an der die verschleißende Reibung stattfindet, gehärtet ist.

Grundsätzlich ist bei gleitender Reibung die Abnutzung um so geringer, je härter der Werkstoff. Weiterhin gilt, daß der Verschleiß um so geringer ist, je größer der Härteunterschied des Werkstoffpaares; man wählt deshalb harte Zapfen und weiche Lagermetalle. Wo hart auf hart trifft, z. B. bei Bohrstangen und -büchsen, sollen bei geringem Härteunterschied möglichst unterschiedliche Werkstoffe benutzt werden. Da die heutigen Lagerwerkstoffe eine größere Härte haben als die bisherigen, so braucht man auch in wesentlich größerem Umfange gehärtete Zapfen.

Mit Hilfe des *Brennhärtens* kann man den Verschleißschutz auch auf solche Teile ausdehnen, die bislang nicht oder nur unwirtschaftlich gehärtet werden konnten.

5. Härtbarkeit. Das Eisenkohlenstoffdiagramm[1] gibt über die bei der Wärmebehandlung des Stahles auftretenden Gefügeänderungen Aufschluß, man kann daraus also auch die zum Härten notwendigen Temperaturen entnehmen. In dem Diagramm Abb. 3 ist das Gebiet der Einsatz-, Brenn- und Abschreckhärtung in Abhängigkeit vom Kohlenstoffgehalt näher gekennzeichnet.

Die Festigkeit des ungehärteten Stahles steigt mit wachsendem Kohlenstoffgehalt. Bei dem geringen Kohlenstoffgehalt, wie ihn die Einsatzstähle besitzen, ist sie noch gering, und daher genügt ihre Kernfestigkeit manchmal nicht zur Aufnahme der vorgesehenen Beanspruchungen. Man ist dann, wie z. B. oft im Fahrzeugbau, gezwungen, durch Legierungszusätze die Kernfestigkeit des Einsatzwerkstoffes zu steigern.

Grundlage jeder Stahlhärtung ist der Kohlenstoffgehalt. Je höher er ist, um so größer ist die erreichbare Härte. Für das Brennhärten geeignet sind praktisch die Stähle mit einem Kohlenstoffgehalt von 0,3% an bis zu 0,6···0,7%.

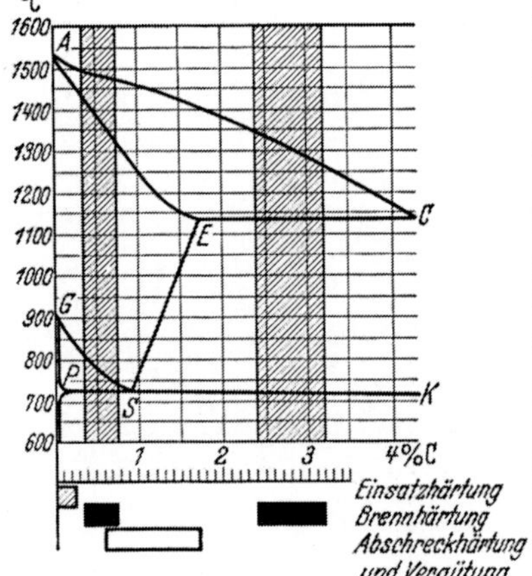

Abb. 3. Ausschnitt aus dem Eisen-Kohlenstoff-Diagramm. Das Gebiet der brennhärtbaren Werkstoffe ist durch Schraffur herausgehoben

Gegenüber dem Einfluß des Kohlenstoffes tritt die Wirkung anderer Legierungsbestandteile erheblich zurück.

---

[1] Vgl. Werkstattbücher H. 7 (s. S. 3) und H. 121: KAUCZOR, Metall unter dem Mikroskop.

B. Das Brennhärten im Vergleich mit anderen Verfahren zum Oberflächenhärten

6. Die Wärmebehandlung beim Einsatzhärten erfordert Härteöfen, in denen das *ganze* Werkstück erhitzt wird. Bei dem nachfolgenden Abschrecken erfährt es daher auch *im Innern* eine Gefügeumwandlung. Im Gegensatz dazu wird beim Brennhärten nur die äußere Randzone und diese auch nur an den Verschleißstellen erwärmt. Dadurch sind die Erhitzungszeiten und der Energieverbrauch beim Brennhärten bedeutend geringer. Abb. 4 zeigt den zeitlichen Ablauf des Einsatz-

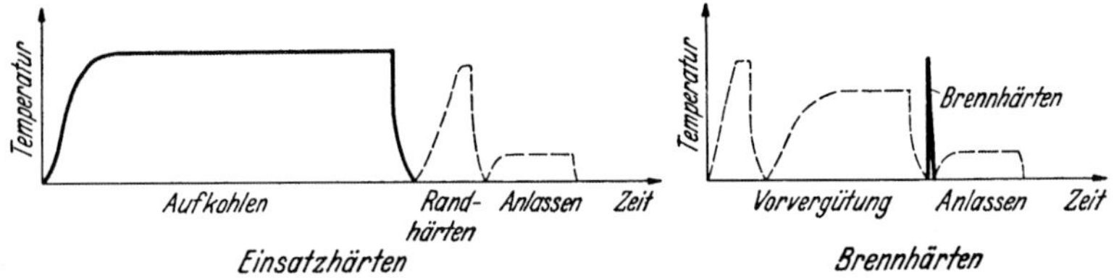

Abb. 4. Erwärmungsvorgänge beim Einsatzhärten und Brennhärten

härtens; stark ausgezogen sind die unbedingt notwendigen, dünn gestrichelt die zweckmäßigen, jedoch nicht immer erforderlichen Arbeitsgänge. Zu letzteren gehört beim Einsatzhärten das Randhärten, beim Brennhärten die vorherige Vergütung des ganzen Werkstückes auf höhere Kernfestigkeit; bei höher beanspruchten Werkstücken ist das Anlassen nach dem Härten bei beiden Verfahren zweckmäßig.

7. Einfluß der Form. Soll die Härte auf die Randzone beschränkt bleiben, so muß man beim *Einsatzhärten* einen Stahl mit höchstens 0,25% Kohlenstoffgehalt verwenden, der an sich keine oder nur geringe Härte annimmt.

Durch langzeitiges Glühen in Kohlenstoff abgebenden Mitteln wird die zu härtende Fläche mit Kohlenstoff angereichert. Bei der anschließenden Härtebehandlung nehmen dann trotz völliger Durchwärmung nur die aufgekohlten Stellen Härte an. Die Kohlenstoff abgebenden Mittel sind fest, flüssig oder gasförmig. Die festen Einsatz-Pulver werden meistens dort verwandt, wo Teilhärtungen vorzunehmen sind. Ihr Nachteil ist, daß sie den Kohlenstoff verhältnismäßig langsam abgeben und somit entsprechend lange Glühzeiten erfordern. Die flüssigen Einsatz-Salze, zumeist Cyan-Verbindungen, kohlen zwar wesentlich schneller auf, bereiten aber bei teilweisen Härtungen Schwierigkeiten, weil eine zuverlässig wirkende, das Salzbad nicht verschmutzende Schutzschicht nur schwer herzustellen ist. Sie werden hauptsächlich dort benutzt, wo die ganze Oberfläche zu härten ist.

Die *Kohlungsgeschwindigkeit* beträgt beim Salzbad etwa 0,1 mm/h, bei den übrigen Verfahren ist sie wesentlich geringer. Das *Nitrieren* mit Hilfe von gasförmigem Stickstoff ergibt eine sehr geringe Einhärtetiefe und wird daher nur für Sonderzwecke gebraucht. Mit *gasförmigen* Kohlungsmitteln (Leuchtgas oder Propan) können zwar wesentlich größere Kohlungstiefen erreicht werden; der Zeitbedarf ist jedoch immer noch erheblich.

Das *Brennhärten* geht demgegenüber von *Vergütungsstählen* aus, deren Zusammensetzung bereits der gewünschten Härteannahme entspricht. Der langzeitige Aufkohlungsprozeß entfällt. Die Erhitzung der Randzone benötigt infolge der hohen Brennerleistung stets nur wenige Sekunden.

Beim *Einsatzhärten* müssen die Stellen, die *weich* bleiben sollen, vor dem Eindringen des Härteträgers geschützt werden. In manchen Fällen läßt man an diesen Stellen überflüssigen Werkstoff stehen und beseitigt ihn nach dem Einsetzen, vor dem eigentlichen Härten, nimmt damit eine zweimalige Erwärmung des Härtegutes in Kauf. Diese Vorbereitungen erfordern also Zeit, Sorgfalt und Erfahrung, wenn eine gleichmäßige Härteannahme erreicht werden soll. Sie sind beim *Brennhärten* nicht nötig, sofern die Brenner genau der Form der zu härtenden Fläche angepaßt werden können, so daß auch nur diese auf Härtetemperatur erhitzt wird. Das Brennhärten ist wegen der Gestaltung des Brenners an symmetrische Formen gebunden, während die Einsatzhärtung in weitaus größerem Maße formunabhängig ist.

Für *große* Werkstückabmessungen müssen beim Einsatzhärten entsprechende Ofenanlagen vorhanden sein, deren Betrieb meist so unwirtschaftlich ist, daß man auf die Härtung überhaupt verzichtet. Demgegenüber kann man beim Brennhärten mit verhältnismäßig einfachen

Mitteln selbst Werkstücke größter Abmessungen härten. Besonders bei größeren Querschnitten entstehen beim Einsatzhärten beträchtliche Spannungen. Der Rand kühlt sehr viel schneller ab als der Kern und verhindert dann infolge seiner Starrheit das völlige Zusammenziehen des Kernes, so daß im Innern beträchtliche Zugspannungen zurückbleiben, die die Zerreißfestigkeit des Werkstoffes überschreiten können. Die Folge sind Härterisse und Brüche an schwachen Stellen oder Verzug, der durch nachträgliches Richten beseitigt werden muß, mitunter auch schon durch Schleifen ausgeglichen werden kann. Dabei wird allerdings nicht selten die Härteschicht weggeschliffen. Da Kern und Härteschicht unterschiedliche Zusammensetzung haben, treten zwischen Kern und Rand beträchtliche Spannungen auf, die zum Abblättern der Härteschicht führen können.

Alle diese Schwierigkeiten kennt das Brennhärten nicht, weil der Kern von der Wärmebehandlung unbeeinflußt bleibt und die chemische Zusammensetzung zwischen Härtezone und weichem Kern keinen Unterschied aufweist.

8. Stückzahlen. Der Betrieb der zum Glühprozeß notwendigen Öfen ist nur wirtschaftlich, wenn mehrere Stücke gemeinsam eingesetzt werden. Da diese in der Regel nur nacheinander angefertigt werden können, bedingt der Härtevorgang eine beträchtliche Störung des Fertigungsablaufes, zumal er nur in einer gut eingerichteten Zentralhärterei durchführbar ist. Die zu härtenden Teile werden daher für längere Zeit dem Fertigungsvorgang entzogen. Demgegenüber ist das Brennhärten stets betriebsbereit und kann infolge der kurzen Erwärmungszeit mit Leichtigkeit in die Fließfertigung eingefügt werden.

9. Das Induktionshärten[1] arbeitet ähnlich wie das Brennhärten mit Vergütungsstählen. Die Beschränkung der Härtebehandlung auf Teilflächen ist in gleicher Weise möglich, wie überhaupt hinsichtlich der Anwendungsmöglichkeit in Abhängigkeit von der Form der zu härtenden Werkstücke grundsätzliche Übereinstimmung besteht.

Tabelle 3. *Generatoren für das Induktionshärten*

Generatorart	Frequenz Hertz	Leistung kW	Wirkungsgrad %
Maschinengenerator	500··· 10000	bis 1000	0,70···0,85
Funkenstreckengenerator	50000··· 500000	bis 50	0,50···0,70
Röhrengenerator	100000···3000000	bis 100	0,40···0,50

Während beim *Brennhärten* die Wärme von außen dem Werkstück zugeführt wird, wird sie beim *Induktionshärten* im Werkstück selbst erzeugt. Das in die Spule eingeführte Werkstück wird Teil der Anlage. Form und Größe des Werkstückes und Tiefe der gewünschten Härteschicht bestimmen daher Leistung und Frequenz des Generators. Die verschiedenen Bauarten der Generatoren und ihre kennzeichnenden Daten können der Tab. 3 entnommen werden. Bis hinauf zu einigen 100 000 Hertz können induktiv nur solche Werkstücke gehärtet werden, die auf Grund ihrer Form und Abmessungen auch für das Brennhärten geeignet sind. Erst bei Frequenzen ab 1 Million Hertz können auch Abmessungen unter 20 mm mit einer sehr dünnen Härteschicht versehen werden. Die Induktionshärtung ermöglicht eine außerordentliche Energiekonzentration in der Oberfläche, sofern die dafür benötigte Energiemenge von 1,0 bis 1,5 kW Anschlußwert je cm^2 gleichzeitig zu erwärmender Oberfläche zur Verfügung gestellt werden kann.

Mit Rücksicht auf die sehr hohen *Anlagekosten* (6 bis 10 mal so hoch wie beim Brennhärten), die zudem im Gegensatz zum Brennhärten mit dem Anschlußwert ansteigen, wird man versuchen, mit möglichst geringen Anschlußwerten auszukommen. Daraus folgt, daß nur bei kleinen Abmessungen die Erhitzungszeiten kürzer sind als beim Brennhärten. Schon bei mittleren Abmessungen liegen die Erwärmungszeiten bei beiden Verfahren annähernd gleich. Je größer die Werkstückabmessungen, um so vorteilhafter das Brennhärten.

Zur Abkürzung der *Arbeitszeit* macht man beim Brennhärten von der Möglichkeit, mehrere Lagerstellen gleichzeitig zu härten, regelmäßig Gebrauch, während mit Rücksicht auf die Anlagekosten beim Induktionshärten jedes Lager einzeln gehärtet wird.

Der *Energieaufwand* ist beim Außenhärten zylindrischer Werkstücke bei beiden Verfahren praktisch gleich. Bei ebenen Flächen ist das Brennhärten eindeutig im Vorteil, ebenso beim Innenhärten von Bohrungen, da das magnetische Feld außerhalb der Spule wesentlich schwächer ist als im Innern. Das Abdecken von weichbleibenden Teilen innerhalb der Härteschicht ist praktisch nur beim Brennhärten möglich. Vorspringende Kanten, scharfe Ecken neigen beim Induktionshärten wegen des Hauteffektes wesentlich stärker zur Überhitzung

---

[1] Vgl. Werkstattbuch H. 116: Höhne, Induktionshärten.

als beim Brennhärten. Das Induktionshärten verlangt wegen der hohen Anlagekosten wesentlich höhere Stückzahlen als das Brennhärten, um eine wirtschaftliche Anwendung zu ermöglichen. Diese hohen Stückzahlen sind im allgemeinen nur bei verhältnismäßig kleinen Abmessungen gegeben.

Tab. 4 gibt eine vergleichende Übersicht über die heute gegebenen Oberflächenhärteverfahren und deren wesentliche Kennzeichen.

Tabelle 4. *Vergleich der verschiedenen Verfahren zum Oberflächenhärten*

Erhitzungsart	Durchwärmung			Randerwärmung	
Werkstoff	Einsatzstahl			Vergütungsstahl	
Mittel	Härteöfen mit			Induktions-spule	Brenner
	Pulver	Salz	N$_2$		
	als Härtungsmittel				
Härtetiefe mm	0,5—4,0	0,2—2,0	0,1—0,5	2—30	2—30
Formabhängigkeit	keine	möglichst ganze Oberfläche		teilweise Härtung regelmäßiger Körper	
Arbeitsaufwand	groß	mittel	klein	klein	
Energieaufwand	groß	groß	groß	klein	

C. Vorteile des Brennhärtens

Das Brennhärten eignet sich vor allem zum Oberflächenhärten von örtlich auf Verschleiß beanspruchten Maschinenteilen wie Wellen, Zapfen, Getriebe- und Steuerungsbolzen, Zahnrädern, Laufrollen, Laufräder und ähnlichen Körpern. Für Werkzeuge kommt es nur in Betracht, wenn sie aus Baustählen angefertigt sind, während das Brennhärten von Werkzeugstahl auf Ausnahmefälle beschränkt bleibt. Bei Schnellstahl schließen die zur Gefügeumwandlung benötigten langen Erwärmungszeiten eine Beschränkung der Erhitzung auf die Werkstückoberfläche aus; damit entfällt hier der besondere Vorteil des Brennhärtens.

Trotz der Vorzüge des Brennhärtens werden die älteren Verfahren für bestimmte Anwendungsgebiete ihre Bedeutung behalten. Dabei gibt folgende Regel einen guten Anhalt: Je kleiner die zu härtende Oberfläche im Verhältnis zur Gesamtoberfläche des Werkstückes, desto ungünstiger die Einsatzhärtung. Je größer das Werkstück an sich, desto wirtschaftlicher wird das Brennhärten, selbst dann, wenn praktisch die gesamte Oberfläche zu härten ist (Abb. 5).

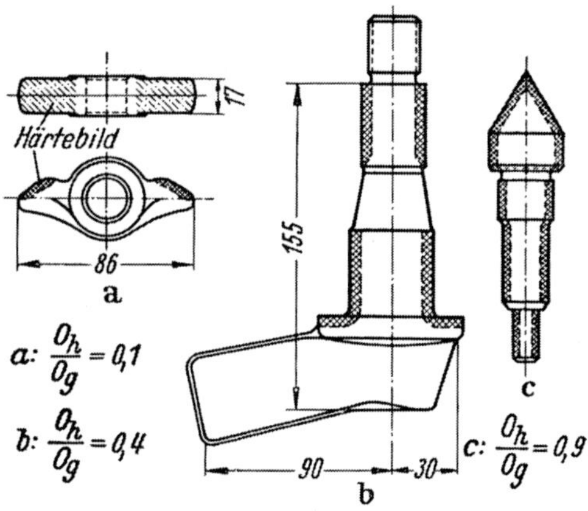

Abb. 5a—c. Einfluß der Werkstückform und des Verhältnisses der zu härtenden Oberfläche (O_h) zur Gesamtoberfläche (O_g) auf die Wahl des Härteverfahrens

a Kipphebel $O_h:O_g = 0{,}1$ sehr günstig für Brennhärtung
b Achszapfen $O_h:O_g = 0{,}4$ günstig für Brennhärtung
c Körner $O_h:O_g = 0{,}9$ ungünstig für Brennhärten, da auch sehr unterschiedliche Querschnitte zu härten sind; günstig für Einsatzhärtung

II. Die technische Durchführung des Brennhärtens

A. Arbeitsverfahren für das Brennhärten

Man kann beim Brennhärten so vorgehen, daß man zunächst die zu härtende Oberfläche in ihrer Gesamtheit auf Härtetemperatur erhitzt und anschließend abschreckt: *Mantelhärtung*, weil sich die erhitzte Fläche wie ein Mantel über das

Werkstück legt. Oder man erhitzt das Werkstück mit einem Brenner, dem die Abschreckbrause unmittelbar folgt, fortschreitend: *Linienhärtung*, weil hierbei nur eine Linie fortschreitend erhitzt wird.

10. Mantelhärtung nach dem Pendelverfahren. Kleine ebene oder gebogene Verschleißflächen werden mit einem Schweiß- oder einem passend geformten Profilbrenner unter pendelnden Bewegungen gleichmäßig auf Härtetemperatur erhitzt und dann abgeschreckt (Abb. 6). Bei größeren Stückzahlen ist eine maschinelle Pendelbewegung vorzuziehen; sonst härtet man meistens von Hand, z. B. bei kleinen Ventilstößeln, Stellschrauben, Kupplungszähnen und ähnlichen Teilen. Bei kleineren Schnitten und flachen Gesenken empfiehlt es sich, gegebenenfalls zwei Brenner gleichzeitig zu benutzen.

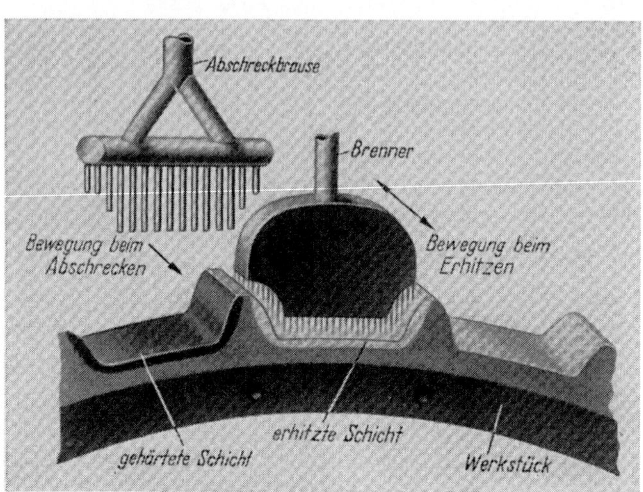

Abb. 6. Pendelhärtung von Kettenkränzen

Auch für kurze Bohrungen, z. B. bei Kettenlaschen, ist die Pendelhärtung gut geeignet, ebenso für Zerfaserungsflügel aus unbearbeitetem Stahlguß für Textil- und Papiermaschinen, da die Erhitzungsgeschwindigkeit in weiten Grenzen regelbar ist und so leicht größere Einhärtetiefen möglich sind. Treib- und Kuppelzapfen, vor allem mit seitlichen, mitzuhärtenden Anlaufbunden, kann man unter Verwendung von Segmentbrennern bestens nach dem Pendelverfahren härten.

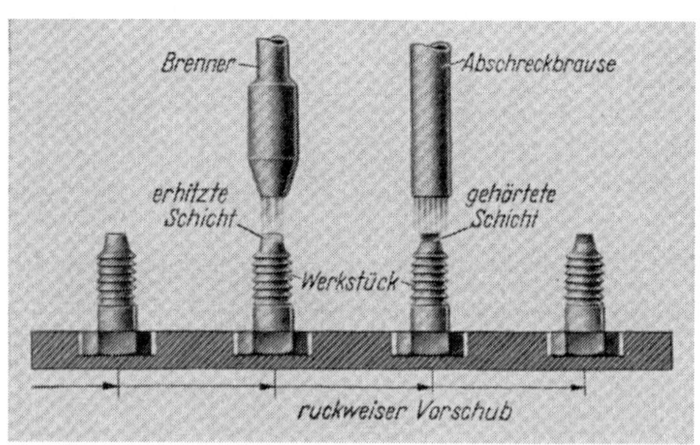

Abb. 7. Aufsatzhärtung von Druckschrauben

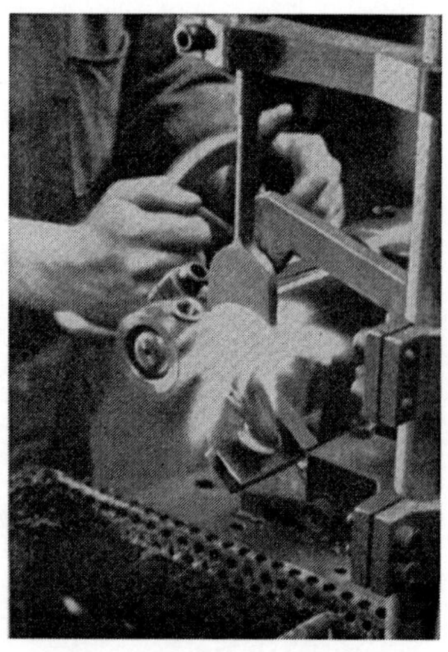

Abb. 8. Brennhärten von Kipphebeln

11. Mantelhärtung nach dem Aufsatzverfahren (Abb. 7). Bei schmalen Flächen genügt es, den Härtebrenner ruhend aufzusetzen, ohne Pendelbewegung, daher: *Aufsatzhärtung*. Dieses Verfahren führt auch dann noch zum Ziel, wenn die unregelmäßige Form des zu härtenden Werkstückes die Anwendung der übrigen Härtemethoden verbietet.

Einfache Vorrichtungen, in die der Brenner fest eingespannt wird, erleichtern die Arbeit sehr, z. B. bei Scherenmessern, Seitenschneidern, Kombizangen und ähnlichen Teilen, die dann von Hand vor den Brenner gehalten werden. Wenn noch für das Werkstück selbst eine Auflage geschaffen wird, kann es leicht im richtigen Abstand vor oder unter den Brenner gebracht werden, z. B. beim Brennhärten von Kipphebeln (Abb. 8). Weitgehende Automatisierung ist möglich.

12. Die Mantelhärtung nach dem Umlaufverfahren (Abb. 9) hat für kurze Lagerstellen an Wellen, Bolzen, Zapfen und Achsen größte Bedeutung. Zunächst wird die zu härtende Lagerstelle mit einem Brenner, dessen Brennlänge der zu härtenden Lagerlänge entspricht, unter stetem Drehen der Welle auf Härtetemperatur erwärmt. Der Brenner wird dabei so dicht an das Werkstück herangebracht, daß die Flamme senkrecht auftrifft und der Flammenkern möglichst nah an die Oberfläche kommt, sie jedoch nicht berührt. Bei richtig eingestellter Flamme beträgt der Abstand somit etwa 5···6 mm. Durch Verwendung von zwei Brennermundstücken, die das Werkstück unter Winkeln zwischen 120 und 180° beaufschlagen (Abb. 10), kann die Erhitzungszeit und auch der Energieverbrauch gegenüber einem einzelnen Brenner gleicher Leistung um 20···30% verringert werden. Durch den dann schärferen Wärmestau wird die Einhärtetiefe geringer und der Temperaturabfall zum Kern größer. Bei großen Durchmessern benutzt man drei und mehr Brennermundstücke, um während des Erhitzens einen geschlossenen Flammenmantel um das Werkstück legen zu können. Dieser verhindert zugleich das Verzundern der Oberfläche.

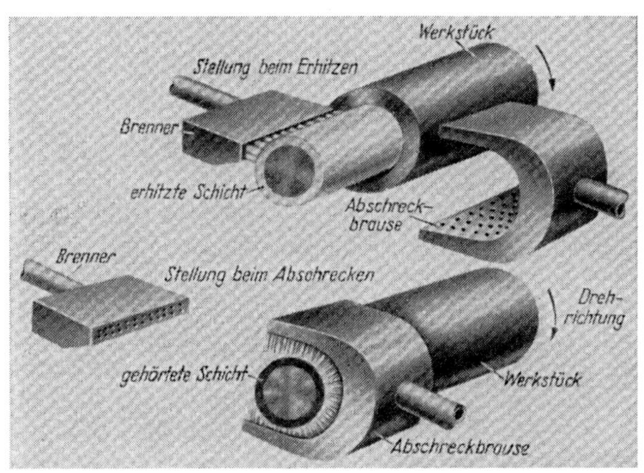

Abb. 9. Umlaufhärtung. 1. Arbeitsgang: Erhitzen der Lagerstelle der umlaufenden Welle durch den Brenner. 2. Arbeitsgang: Abkühlen der auf Härtetemperatur erhitzten Lagerstelle durch die Brause, die zugleich mit dem Zurückziehen des Brenners über die Welle geführt wird

Abb. 10. Anwendungsbeispiel für das Umlaufverfahren. Brennhärten eines Differentialkreuzes, wobei die in einer Achse liegenden Lagerstellen gleichzeitig gehärtet werden

Die *Werkstückdrehzahl* liegt meist bei 80···120 U/min je nach Werkstückdurchmesser. Die Umfangsgeschwindigkeit des Werkstückes soll jedoch 10 m/min nicht unterschreiten. Nur in Ausnahmefällen wird beim Umlaufhärten eine stufenlose Drehzahländerung vorgesehen.

Die *Erhitzungszeit* ist abhängig vom Anschlußwert der Brenner, dem Durchmesser des Werkstückes und der Härtetemperatur. Da der Anschlußwert der Brenner mit wachsender Werkstückgröße erheblich ansteigt, blieb das Umlaufhärten lange Zeit auf verhältnismäßig kleine Werkstücke beschränkt. Heute ist die Bereitstellung großer Energiemengen durch Fern- und Flüssiggas leicht zu lösen, daher hat das Umlaufhärten in den letzten Jahren eine ständig steigende Bedeutung für immer größere Durchmesser erlangt. So werden heute Umlaufhärtemaschinen für Werkstücke bis 1500 mm ∅ und 300 mm Breite serienmäßig hergestellt, die einen Anschlußwert von 3 Millionen kcal/h erfordern.

Die Schwenkbewegung, mit der das zu härtende Werkstück aus der Ladestellung in die Erhitzungs- und von dort in die Abschrecklage gebracht wird, schaltet gleichzeitig über Magnetventile die Energiezufuhr zu den Brennern und Brausen.

Vorteilhaft ist, daß mehrere Lagerstellen gleichzeitig gehärtet werden können; ferner, daß die notwendigen Arbeitsgänge: Erhitzen, Abschrecken und Werkstückwechsel, die an einem Werkstück zeitlich nacheinander folgen, auf verschiedenen Stationen der Härteautomaten gleichzeitig durchgeführt werden können, so daß die Taktzeit nur von der Erhitzungszeit abhängig ist, die überschläglich mit 0,5···1 s je mm ∅ angesetzt werden kann. Bei größeren seitlichen Bunden oder Wangen, z. B. an Kurbelwellen, führt allein das Umlaufhärten zum Ziel.

13. Die Linienhärtung nach dem Vorschubverfahren ist besonders für das Härten ebener Flächen gebräuchlich. Hierbei folgt dem Brenner unmittelbar die Brause, so daß nur eine schmale Zone (eine Linie) stetig auf Härtetemperatur erhitzt und sofort danach abgeschreckt wird (Abb. 11). Der Flammenkern muß wieder dicht an der Oberfläche sein, ohne sie jedoch zu berühren (Brennerabstand 5···6 mm). Besonders zu beachten ist folgendes:

Soll eine Fläche *ganz* gehärtet werden, so hat der Brenner eine etwas geringere Brennlänge und bleibt zweckmäßig von beiden Kanten je 2···3 mm entfernt. Ist dagegen auf der Fläche nur ein schmaler Streifen zu härten, so muß die Brennlänge seitlich 3···4 mm übergreifen, da die Härteschicht sonst infolge der seitlichen Wärmeabwanderung zu schmal ausfallen würde.

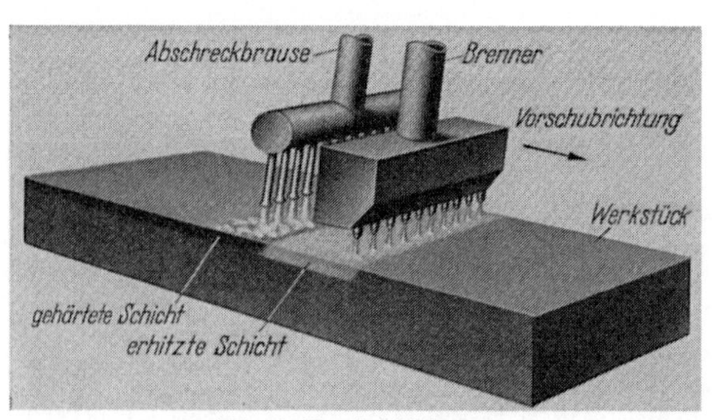

Abb. 11. Vorschubhärtung

Am *Anfang* der Härtung muß der Brenner eine kurze Zeit über dem Werkstück ruhig stehenbleiben, damit die Oberfläche Härtetemperatur erreicht. Die Anwärmzeiten gehen selten über 10 Sekunden hinaus, sie sind meistens geringer. Wenn das Werkstück *bis zum Ende* gehärtet werden muß, soll die Bewegung des Brenners kurz vor Erreichen des Werkstückendes, am besten ruckartig, beschleunigt werden, damit eine unzulässige Überhitzung der Kante, die Risse und Abblätterungen verursacht, vermieden wird. Der Brenner wird dann in solcher Entfernung von der Kante stillgesetzt, daß die Brause die Nachkühlung des letzten Endes vornehmen kann. Eine derartige Arbeitsweise ist zumal beim Brennhärten von Zahnrädern günstig.

Grundsätzlich kann der Härtevorgang waagerecht oder senkrecht durchgeführt werden; zur besseren Überwachung allseitigen Härtens ist die senkrechte Lage der Werkstücke vorzuziehen, z. B. bei Lokomotivgleitbahnen, Brikettpreßstempeln usw.

14. Schlupfhärtung. Härtet man nach dem Vorschubverfahren Rundflächen größeren Durchmessers ringsum, so entsteht an der Anfangs- bzw. Endstelle ein Schlupf (Abb. 12), da die bereits fertiggestellte Härteschicht durch die voreilende Wärme der Flamme wieder angelassen wird. Man spricht deshalb von Schlupfhärtung. Um diesen Schlupf möglichst gering zu halten, kann man vor dem Brenner eine Wasserbrause zusätzlich anordnen. Die Flamme muß dabei das Wasser nach vorne wegdrücken, was bei geeigneter Form der Brause leicht erreicht wird. Besondere Vorsicht ist hier nötig bei Werkstoffen, die zu Anlaßsprödigkeit neigen. Der Schlupf wird durch diese Maßnahmen auf wenige Millimeter begrenzt, daher können Laufrollen, Kranräder, Steuerungskurven an Werkzeug- und Verpackungsmaschinen, Nokkenscheiben und ähnliche Teile mit gutem Erfolg auf diese Art gehärtet werden (Abb. 21, 22 u. 23, S. 18).

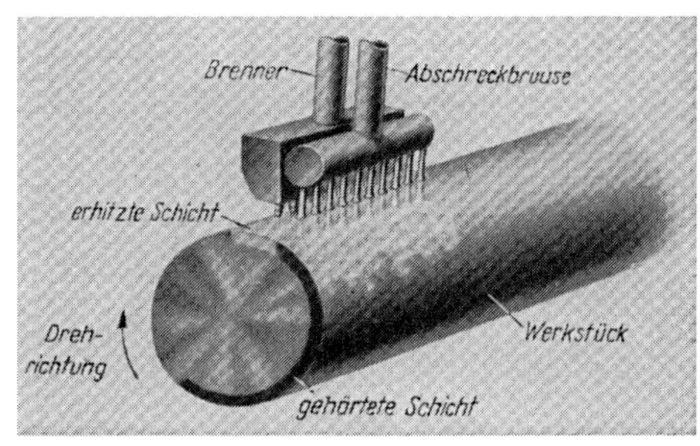

Abb. 12. Schlupfhärtung. Das Werkstück dreht sich langsam am Brenner vorbei. Nach einer Umdrehung ist die Brennhärtung beendet

Wird eine größere Einhärtetiefe verlangt, so muß mit *Vorwärmbrennern* gearbeitet werden. Vorwärm- und Härtebrenner werden dabei so gegeneinander verriegelt, daß zunächst nur der Vorwärmbrenner arbeitet. Sobald die vorgewärmte Zone den Härtebrenner erreicht, wird dieser zugeschaltet, der eigentliche Härtevorgang beginnt und schreitet ringsum fort. Zum Schutz der bereits gehärteten Zone ist hier der Vorwärmbrenner mit einer voreilenden Brause ausgerüstet. Wenige Millimeter, bevor der Anfang der gehärteten Zone den Vorwärmbrenner erreicht, wird dieser selbsttätig gelöscht. Ebenso wird der Härtebrenner am Beginn der Härtezone gelöscht. Der Werkstückantrieb bleibt von selbst stehen, sobald die Schlupfzone voll in den Bereich der Abschreckbrause des Härtebrenners gekommen ist (Abb. 19, S. 17).

Das Arbeiten mit Vorwärmbrennern ermöglicht entweder eine größere Einhärtetiefe oder eine höhere Arbeitsgeschwindigkeit und hat sich damit insbesondere für Radkörper größerer Durchmesser allgemein eingeführt. Da die Anforderungen an die Lebensdauer der Verschleißteile und damit die geforderten Einhärtetiefen ständig steigen, geht die Bedeutung der Schlupfhärtung, allgemein gesehen, jedoch zugunsten der Umlaufhärtung zurück.

Das Brennhärten von Stirnflächen wird wie bei ebenen Flächen durchgeführt, bei Seitenflächen muß u. U. die unterschiedliche Winkelgeschwindigkeit berücksichtigt werden, entweder durch Vergrößern des Brennerquerschnittes nach außen oder durch größeren Abstand des Brenners vom Werkstück nach innen.

Flache Kurven, Steuer- und Führungslineale werden, wenn sie in größeren Mengen anfallen, mit Hilfe von Führungen gehärtet. Zweckmäßig führt man den Brenner unter Feder- oder Magnetkraft mit einer Rolle an einem zweiten Werkstück. Sofern die Kurven steiler, d. h. über 25° gegen die Gerade geneigt sind, muß der Brenner oder das Werkstück schwenkbar angeordnet werden, damit der Flammenstrahl stets annähernd senkrecht auf das zu härtende Werkstück auftrifft. Abb. 13 zeigt eine Kopiervorrichtung zum Brennhärten großer Nocken.

15. Linienhärtung nach dem Umlaufvorschubverfahren. Bei langen Wellen wird ein Segment- oder Ringbrenner mit angebauter Abschreckbrause über die umlaufende Welle, an einem Ende anfangend, in Längsrichtung hinweggeführt, so daß nach einmaligem Überfahren die Härtung beendet ist (Abb. 14). *Segmentbrenner* sind günstiger als *Ringbrenner*, da sie beim Einlegen der Welle ausgefahren werden können und so den Weg freigeben, während beim Ringbrenner die Welle durch den Brenner hindurchgesteckt werden muß. Ringbrenner haben dafür einen größeren Arbeitsbereich, etwa 75 mm zwischen kleinster und größter Welle gegen 25 mm beim Segmentbrenner. Bei beiden Arten sind also mit wenigen Brennern vielseitige Härtemöglichkeit gegeben. Für Vollwellen können, da die Verhältnisse stets gleich sind, auch die günstigsten

Abb. 13. Schlupfhärtung von Nocken für Schiffsdiesel mit Hilfe einer Kopiervorrichtung auf der Waagrecht-Härtemaschine Abb. 16

Vorschubgeschwindigkeiten angegeben werden. Nach dem Umlaufvorschubverfahren lassen sich *Wellen* von rd. 20—1500 mm $\emptyset$ einwandfrei brennhärten. Der geringste zu härtende *Bohrungsdurchmesser* liegt bei etwa 25 mm. Bei kleineren Durchmessern wird die Lebensdauer der Brenner zu gering, besonders wenn größere Härtelängen gefordert sind.

Während beim Außen- oder Innenhärten eine Wandstärke von 5 mm genügt, um ein Durchhärten bei der Umlaufvorschubhärtung mit Sicherheit auszuschließen, ist das gleichzeitige Innen- und Außenhärten bei Wandstärken ab 7 mm möglich, mit einer Einhärtetiefe auf jeder Seite von rd. 1,5 mm, so daß noch ein ausreichend stark bemessener zäher Kernquerschnitt erhalten bleibt (Abb. 90, S. 67).

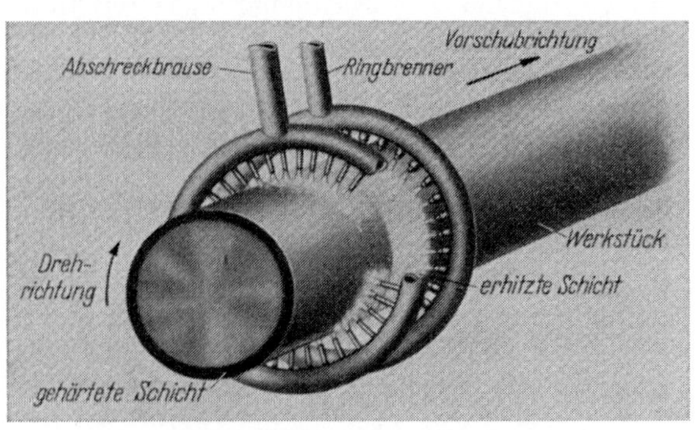

Abb. 14. Umlaufvorschubhärtung. Die auf der ganzen Länge zu härtende Welle läuft mit gleichbleibender Geschwindigkeit um. Die Erhitzung durch Segment- oder Ringbrenner beginnt an einem Ende. Dem Brenner folgt die Brause unmittelbar. Mit Hilfe eines Vorschubschlittens werden Brenner und Brause mit gleichmäßiger Geschwindigkeit über die sich drehende Welle hinweggeführt

16. Wahl des Härteverfahrens. Gelegentlich kann man im Zweifel sein, welche Härtemethode günstiger anzuwenden ist. So ist z. B. für eine *Keilwelle* mit flachen Nuten das Umlaufverfahren am einfachsten; es führt stets zum Ziel, wenn Kopf- und Fußkreisdurchmesser nur wenige Millimeter unterschiedlich sind. Für tiefere Nuten ist dagegen die Vorschubhärtung vorzuziehen, weil sie leichter eine schädliche Überhitzung des Kopfes vermeidet. Beide Verfahren ergeben eine verzugsfreie Härtung, sie haben sich im praktischen Betrieb in gleicher Weise bewährt. Für *Keilnaben* gelten naturgemäß die gleichen Überlegungen. Da das Umlaufverfahren sich besser als das Umlaufvorschubverfahren zur Automatisierung eignet, wird man es bei großen Stückzahlen vorziehen. Damit wachsen allerdings die Anschlußwerte des Brenners beträchtlich, nicht aber der Verbrauch je Stück (Tab. 5).

Tabelle 5. *Brennhärten von Bolzen*: 22 $\varnothing$, 300 lang, 2 mm tief

	Anschlußwert		Härtezeit s/Stück	Verbrauch		Leistung Stück/h
	Leuchtgas Nm³/Stück	O₂		Leuchtgas Nm³/Stück	O₂	
Umlaufhärtung	72,0	47,5	12	0,24	0,16	275
Umlaufvorschubhärtung	12,5	8,2	60	0,22	0,15	30

Bei der Schlupfhärtung von *Roller* (Abb. 15) war in der Hohlkehle schwierig eine genügende Einhärtetiefe zu erzielen, so daß häufig die Spurkränze nach kurzer Zeit abgequetscht wurden. Auch Vorwärmen ergab bei Verwendung von unlegiertem Kohlenstoffstahl nur eine Einhärtetiefe von 3···4 mm. Nach Umstellung auf 42 Cr Mo 4 und Umlaufhärtung betrug die Einhärtetiefe 6···8 mm. Der Anschlußwert der Brenner stieg um 75%. Die Arbeitszeit fiel auf 30% und der Energieverbrauch je Stück auf 38%, so daß die Umstellung auf den teureren Werkstoff durch die Ersparnisse an Energie und Lohn und die längere Lebensdauer der so gehärteten Werkstücke mehr als ausgeglichen wurde.

17. Anforderungen an die Härtemaschine. Härtemaschinen müssen eine leichte Auswechslung der Brenner und Brausen gestatten, damit die Einrichtezeiten möglichst kurz werden. Brenner und Brausen müssen in allen drei Raumrichtungen leicht beweglich und fein einstellbar sein, damit sie an die zu härtende Oberfläche leicht herangeführt werden können. Ist diese infolge ihrer Form nicht genau parallel zur Führungsbahn des Brennerschlittens auszurichten und lohnen sich besondere Führungsvorrichtungen nicht, so kann man auch leicht von Hand mit dem Brenner der Gestalt des Werkstückes folgen

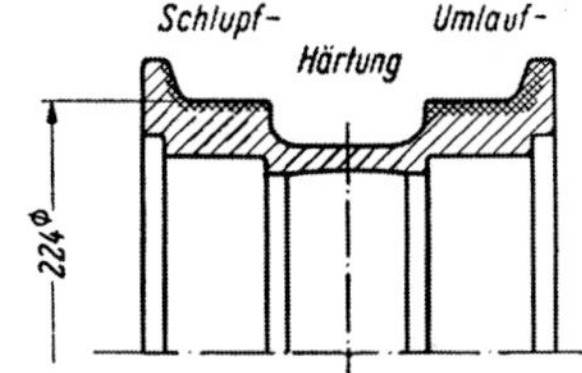

Verfahren		Schlupf	Umlauf
Anschlußwert	Lg. Nm³/h	30,0	53,0
	O₂ Nm³/h	25,9	32,0
Härtezeit	min	Vorschub 9,0 Wechseln 1,0	Erhitzen 1,66 Abschrecken 1,34 Wechseln 0,50
		Gesamt 10,0	Gesamt 3,50
Verbrauch	Lg. Nm³/h	4,6	1,5
	O₂ Nm³/h	3,6	0,9
Werkstoff		Ck 45	42 Cr Mo 4
Oberflächenhärte RC		58±2	58±2
Einhärtetiefe mm		3-4	6-8

Abb. 15. Einfluß der Verfahrensbedingungen auf die Härtezeit und Einhärtetiefe beim Brennhärten von Rollern für Kettenfahrzeuge

und eine einwandfreie Härtung erzielen. Manchmal ist es zweckmäßig, den Brenner nur in zwei Richtungen beweglich zu machen und in der dritten Richtung das Werkstück.

Etwa benötigte Einspannvorrichtungen an der Maschine müssen die durch das Erhitzen verursachte Ausdehnung ausgleichen, da sonst Verzug entsteht. Anschläge, Zentriervorrichtungen sollen vorgesehen, zumindest leicht angebracht werden können, damit das Ausrichten der Werkstücke einfach ist.

Vom Bedienungsstand aus müssen alle Regel- und Kontrollorgane gut erreichbar, die Steuerbewegungen sinnfällig und die zu härtenden Werkstückflächen gut zu beobachten sein. Daher ist die *waagerechte* Anordnung zu bevorzugen für umlau-

Abb. 16. Universal Waagerecht-Härtemaschine [1] für die Umlaufvorschubhärtung von Achsen, Wellen und Walzen bis 450 mm Durchmesser; für die Schlupfhärtung von Radkörpern bis 1000 mm Durchmesser; für die Vorschubhärtung von Schnecken und Kammwalzen bis 600 mm Durchmesser sowie für die Vorschubhärtung von ebenen und profilierten Flächen

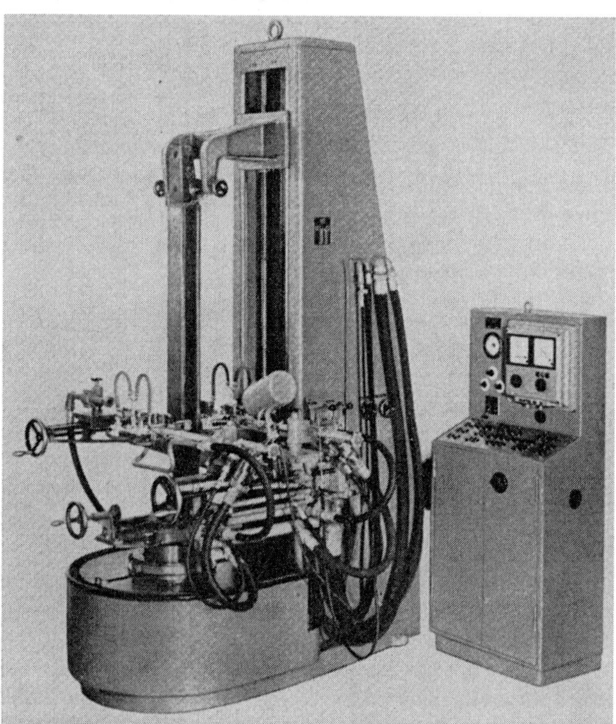

Abb. 17. Senkrecht-Härtemaschine für die Umlaufvorschub-, Umlauf- und Vorschubhärtung; hier eingerichtet für die gleichzeitige Härtung der gegenüberliegenden Flächen von Gleitbahnen

[1] Die in diesem Buche zur Erläuterung des Textes gezeigten Maschinen sind vorwiegend Erzeugnisse der Firma Paul Ferd. Peddinghaus, Gevelsberg (Westf.). Der Verfasser ist an ihrer Entwicklung maßgeblich beteiligt. Sie dienen hier als Beispiele für die praktische Durchführung der verschiedenen Brennhärteverfahren und Hilfsmaßnahmen. Irgend ein Werturteil gegenüber den Erzeugnissen anderer Firmen ist nicht beabsichtigt.

fende zylindrische Körper (Abb. 16) oder für das Brennhärten ebener Flächen, die *senkrechte* dagegen für gleichzeitiges Härten von zwei oder mehr Flächen (Abb. 17). Der Bedienungsstand soll ferner frei von störenden Schläuchen und gegen Spritzwasser geschützt sein.

Beim *Umlaufverfahren* kann man zweckmäßig Brenner und Brause feststehend anordnen und das Werkstück schwenken (Abb. 18). Dann werden die Schläuche wesentlich kürzer und die Härteanlage übersichtlicher. Bei Einzweckmaschinen ist eine weitgehende Automatisierung möglich.

Auch beim *Vorschubhärten* von Radkörpern (Abb. 19) wird man zweckmäßig den Brenner feststehend und das Werkstück beweglich anordnen. Da beim Vorschubverfahren gerader Werkstücke zumeist große Längen zu härten sind, ist es günstig, hier den leichteren Brenner zu bewegen und das Werkstück feststehend

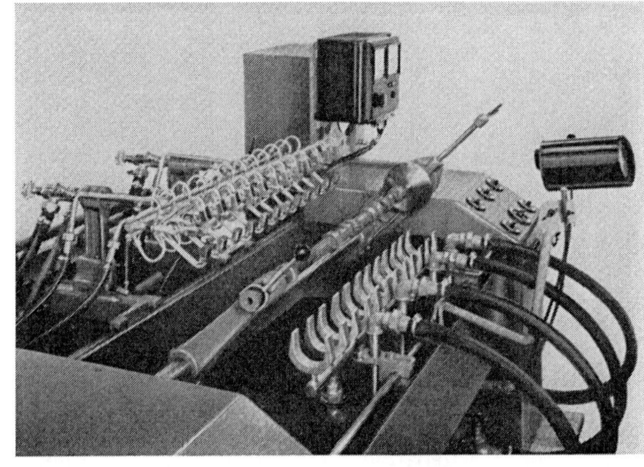

Abb. 18. Nockenwellen-Härtung auf einer Waagerecht-Umlaufhärtemaschine mit automatischem Schwenkgetriebe

anzuordnen. Dann müssen allerdings die Schläuche sorgfältig und störungsfrei aufgehängt und geführt sowie vor Knickung geschützt werden.

Für das Vorschubverfahren eignet sich jede tragbare Brennschneidmaschine (Abb. 20). An dieser lassen sich Griffrohre und Brenner in bequemster Weise

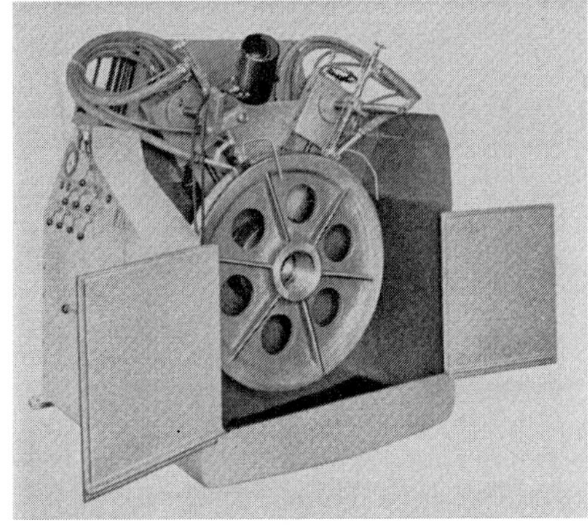

Abb. 19. Radkörper-Härtemaschine für die Schlupfhärtung von Lauf- und Leiträdern, Seilrollen, Bremsscheiben und Kolbenringnuten; Vorwärm- und Härtebrenner sind automatisch gegeneinander verriegelt

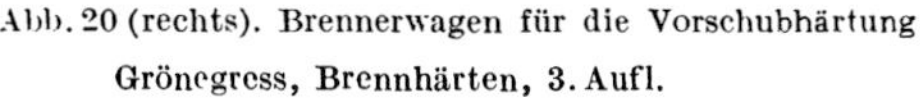

Abb. 20 (rechts). Brennerwagen für die Vorschubhärtung

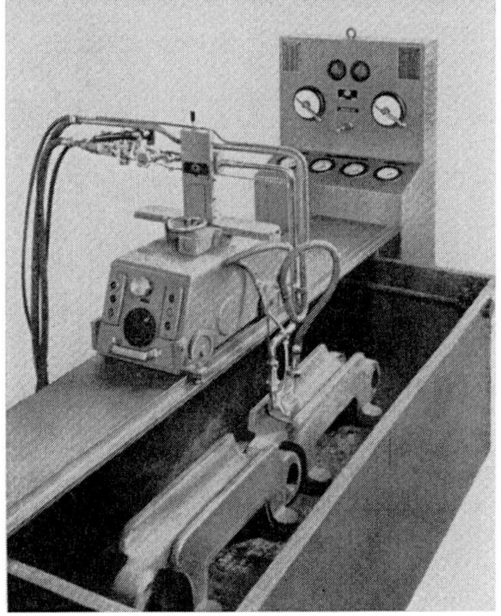

anbringen. Die Laufschiene kann mit einem Wasserkasten mit in der Höhe verstellbarem Rost entweder fest oder beweglich verbunden sein, so daß man an die zu härtenden Werkstücke bequem herankommen, über schweren Teilen die Anlage notfalls behelfsmäßig aufbauen kann. Der Regelbereich dieser Maschinen ist ausreichend, die Vorschubgeschwindigkeit kann am eingebauten Tachometer bequem abgelesen werden. Auch für große Kurven, Ringe weiten Durchmessers, lassen sich diese Brennerwagen gut gebrauchen (Abb. 21).

Beim Härten von Kurven (Abb. 22) ist es zweckmäßig, Werkstück und Brenner gleichzeitig zu bewegen. Die Maschine Abb. 23 ist mit einer Magnetspannplatte ausgerüstet, die ein schnelles Aufspannen der Werkstücke ermöglicht, derart, daß der Schwerpunkt der zu härtenden Kurve mit dem Mittelpunkt der Drehbewegung annähernd zusammenfällt.

Abb. 21. Brennerwagen, eingerichtet für die behelfsmäßige Härtung von Kreisringflächen

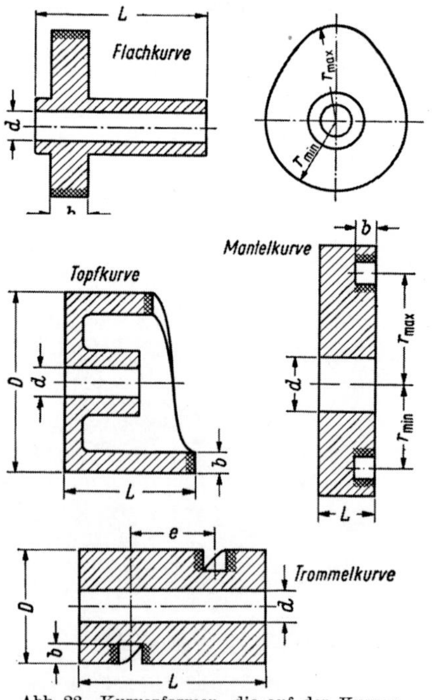

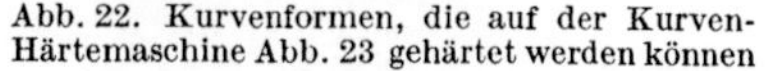

Abb. 22. Kurvenformen, die auf der Kurven-Härtemaschine Abb. 23 gehärtet werden können

Abb. 23. Kurvenhärte-Maschine mit magnetischem Spannfutter und stufenlosem Antrieb für die Schlupfhärtung von Kurvenformen gemäß Abb. 22. Der Brenner wird von Hand geführt

Die Magnetspannplatte ist zudem um 90° schwenkbar, so daß alle Kurvenformen in der für den Härter bequemsten Lage gehärtet werden können. Der

Brenner wird dabei von Hand geführt, wie die Abb. 23 am Beispiel einer Trommelkurve zeigt.

Für das Härten von Flachkurven wird die Unterstützungsleiste für den Brenner in den vorderen Halter eingepsannt und der Härter sitzt dann vor der Maschine. Die stufenlos veränderliche Vorschubgeschwindigkeit kann an Stellen größerer Materialanhäufung mit Hilfe des Fußschalters vorübergehend stillgesetzt werden, so daß selbst schwierige Kurvenformen einfach und sicher gehärtet werden können. Für große Stückzahlen gibt es Automaten.

18. Die Aufstellung der Härteanlagen ergibt sich aus ihrer Verwendung. *Einzweckmaschinen* zum Härten eines bestimmten Werkstückes werden innerhalb der Fließfertigung aufgestellt (Abb. 24), zusätzliche Transportwege fallen fort. Der Arbeitsplatz ist dadurch gegeben und in den meisten Fällen nicht zu beeinflussen. *Vielzweckmaschinen* werden innerhalb der betreffenden Arbeitsgruppe zusammengefaßt, um die Installation zu vereinfachen. Die Transportwege bleiben bei dieser Aufstellung ebenfalls gering, auch wird unter Umständen die Anlage besser ausgenutzt.

Nur dort, wo mehrere Betriebsabteilungen laufend die verschiedenartigsten Werkstücke zu härten haben, ohne daß sich für jede die Beschaffung einer

Abb. 24. Härteautomat für das Härten von Kugelbolzen und Kipphebeln in der Fertigungsstraße

besonderen Maschine lohnt, wird man auch die Brennhärtemaschinen in der Zentralhärterei aufstellen. In solchen Fällen empfehlen sich gut lüftbare Räume, die nicht zu hell, aber gleichmäßig beleuchtet sind, um dem Härter die Beurteilung der Härtetemperatur zu erleichtern.

B. Brenngase und Härtebrenner

19. Brenngase. Für die zum Brennhärten erforderliche große Flammenleistung, um den gewünschten Wärmestau zu erzwingen, eignen sich nur wenige der heute in der Technik gebräuchlichen Brenngase, vor allem Leuchtgas und Azetylen; daneben werden Propan, Butan, Erdgas und Wasserstoff benutzt (Tab. 6). Die heizwertarmen Generatorgase eignen sich nicht.

20. Verbrennung. Das Gas wird im Brenner mit Sauerstoff gemischt und dadurch die Zündgeschwindigkeit auf etwa das Zehnfache gegenüber der Verbrennung mit Luft gesteigert. Das übliche (günstigste) Mischungsverhältnis Gas:O_2 ist in Tab. 7 (S. 30) angegeben. Auch die übrigen Brenneigenschaften werden günstig beeinflußt. Die unterschiedliche Bedeutung der verschiedenen Brenngaskenngrößen (Tab. 6) für die Eignung eines Brenngases zum Brennhärten sei an einem hydraulischen Vergleichsmodell (Abb. 25) näher erläutert.

Die Leistung der Wassermenge Q ist offenbar nur abhängig von dem Niveauunterschied N_1 zu N_2 und dem Abflußquerschnitt „q". Da nun beim Brennhärten die Verbrennungstemperatur bei allen Gasen fast unabhängig ist vom Heizwert und sich nur in geringen

Grenzen ändert, erkennt man, daß der Heizwert kein Maß für die Eignung eines Gases zum Brennhärten sein kann.

Tabelle 6. *Eigenschaften der Brenngase für Härtebrenner*

		Leuchtgas	Methan	Propan	Azetylen	Wasserstoff
Oberer Heizwert	kcal/m³	4300···4600	9527	24320	14090	3050
Unterer Heizwert	kcal/m³	3800···4100	8562	22350	13600	2570
Gewicht	kg/Nm³	0,646	0,714	2,019	1,1709	0,08987
Theoretischer Sauerstoffbedarf	m³/m³	0,795···0,89	2,0	5,0	2,5	0,5
Praktische Zumischung in % des theoretischen Sauerstoffbedarfes		75	100	70···80	40···70	70
Max. Zündgeschw.	cm/s	705	330	370	1350	890
Bei % Sauerst. im Gemisch		45	65	88	72,5	29
Max. Verbrennungstemp. mit Sauerstoff	°C	2800	2930	2750	3100	2650
Bei % Sauerst. im Gemisch		35	55		55	22
Max. Flammenleist.	kcal/cm²s	3,03	2,01	2,56	10,7	3,34
Bei % Sauerst. im Gemisch		42	62		70	25
Wärmedichte	kcal/m³	152	270	225	138	262
Bei % Sauerst. im Gemisch		37	65	80	50	40
Notwendiger Gasdruck	atü	0,3	0,5	1,0	0,8	0,5

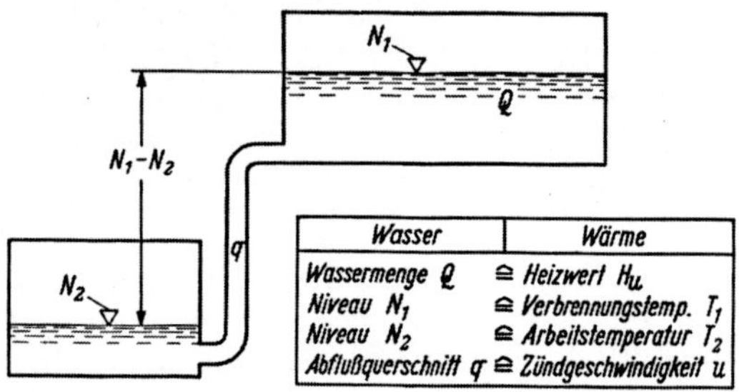

Abb. 25. Hydromechanisches Vergleichsmodell zur Erklärung des Einflusses der Brenngas-Kenndaten auf die Ausnutzung der Wärmeenergie

21. Der Härtebrenner besteht aus dem Griffrohr, auch Ventilschaft genannt, dem Einsatz oder Injektor und dem Brennermundstück, das bei der Linienhärtung mit der Brause verbunden ist. Zwischen den Anschlußtüllen für Gas und Sauerstoff und den Schläuchen sind trockene Rückschlagsicherungen eingebaut. Dadurch sind alle Schlauchleitungen gegen Flammenrückschläge abgesichert.

Am *Griffrohr* bzw. Ventilschaft befinden sich, ähnlich wie beim Schweißbrenner, die zum Einstellen und Abstellen dienenden Hähne für Brenngas und Sauerstoff. Eingebaut sind die meist injektorartigen Einrichtungen zum Mischen beider Gase. Vor den Hähnen werden vielfach noch gemeinsam betätigte Schnellschlußventile angebracht, durch deren Bedienung von Hand das jedesmalige Neueinstellen des Brenners bei unterbrochenen Härtevorgängen, zumal bei der Mantelhärtung, sich erübrigt. In Härtemaschinen werden die mechanisch mit dem Griffrohr fest verbundenen Schnellschlußventile durch Elektromagnetventile für Gas, Wasser und Sauerstoff ersetzt, wodurch die Installation vereinfacht und eine Unterteilung mehrerer Härtebrenner in beliebig zusammengefaßte Gruppen ermöglicht wird.

Insbesondere bei Härtemaschinen kann eine räumliche Trennung des Ventilblockes vom Injektor zweckmäßig sein. Der Injektor sollte möglichst nahe dem Mundstück angebracht werden, während die Einstellorgane leicht zugänglich und handlich zu bedienen sein müssen.

Gewöhnlich wird die Steuerung so eingerichtet, daß zunächst Brenngas und erst, wenn dieses sich an der ständig brennenden Zündflamme entzündet hat, Sauerstoff zum Brenner gelangt. Beim Abstellen ist die Reihenfolge umgekehrt. Diese Schaltung vermeidet jeden Rückschlag, die Brenner arbeiten völlig geräuschlos.

Nur bei Azetylen muß man anders verfahren, weil es bei der Verbrennung ohne Sauerstoff sehr stark rußt und die Brenner verschmutzen würde. Daher schalten die Magnetventile Azetylen und Sauerstoff gleichzeitig, der Knall beim Entzünden und Abstellen wird in Kauf genommen.

22. Bauformen der Brennermundstücke. Die Härtebrenner werden nach dem vorgesehenen Brenngas benannt, z. B. Leuchtgas-, Azetylen-Brenner usw., oder nach den Härteformen, wie z. B. Flächen-, Profil-, Lagerstellen-, Zahnrad-, Innen-, Segment-, Ring- oder Pilzhärtebrenner. Nach der Ausbildung ihrer Mundstücke unterscheidet man Schlitz- und Siebbrenner.

23. Schlitzbrenner lassen sich leicht der Form des zu härtenden Werkstückes anpassen. Sie werden daher zum Härten der verschiedenartigsten Profile benutzt. Mit ihrem scharfen, messerartigen Flammenkern leiten sie die Wärme gut und gleichmäßig auf das zu härtende Werkstück. Durch Ändern der Schlitzweite kann man eine unterschiedliche Wärmeaufnahme der Werkstücke einwandfrei ausgleichen. Dabei ist es praktisch, den verbreiterten Schlitz so weit gegen den Brennermund zurückzusetzen, daß der Flammenkern, der infolge der größeren Schlitzweite ja länger wird, wieder mit dem ursprünglichen Kern abschließt.

Die Schlitzbrenner arbeiten besonders wirtschaftlich. Mit Rücksicht auf die Rückschlagsicherheit werden für Azetylen und Propan nur kurze Schlitzlängen zugelassen. Für Leuchtgas und Methan wurden dagegen schon Härtebrenner mit Schlitzlängen von 1500 mm und mehr ausgeführt.

Die Anschlußwerte dieser Brenner liegen allerdings in engen Grenzen, da man mit der Schlitzweite, abhängig von der Zündgeschwindigkeit (Abb. 26), nicht über ein bestimmtes Maß hinausgehen kann. Zwei oder mehr parallele Schlitze haben sich, da zu empfindlich, nicht

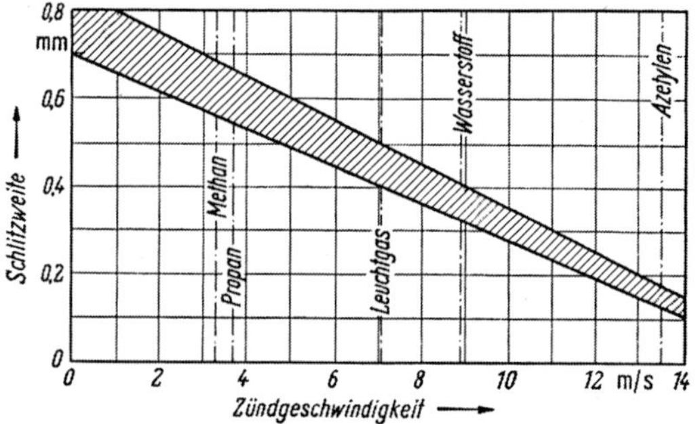

Abb. 26. Mögliche Schlitzweite der Härtebrenner in Abhängigkeit von der Zündgeschwindigkeit der Brenngase

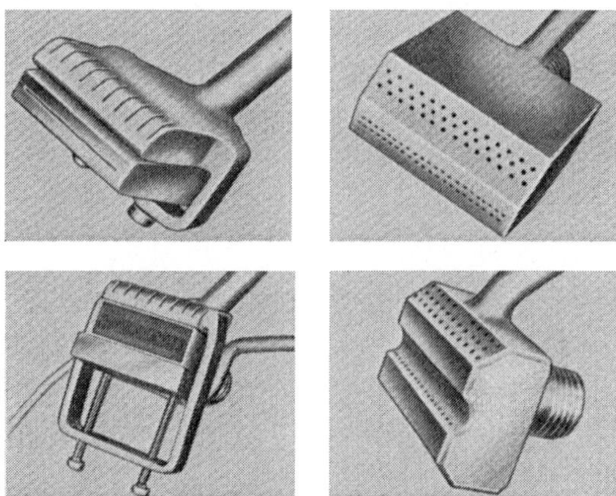

Abb. 27. Bauformen verschiedener Vorschubhärtebrenner
Oben Schlitzbrenner, Siebbrenner;
unten Lamellenbrenner, Büschelbrenner

durchsetzen können. Dagegen ist es möglich, die Schlitzbrenner mit einer Vielzahl von kurzen, dicht nebeneinandergestellten Schlitzen auszurüsten. (Abb. 27) und so den Anschlußwert auf etwa das 5-fache eines gewöhnlichen Schlitzbrenners zu steigern (Lamellenbrenner für Sonderzwecke).

Im allgemeinen reichen die Leistungen der Schlitzbrenner für die üblichen Härtegeschwindigkeiten vollkommen aus, so daß derartige Brenner auf Grund ihrer sonstigen Vorteile in größtem Maße gebraucht werden.

Eine nachträgliche Verkürzung der Schlitzlänge ist zwar durch Einlegen passender Kupferblechstreifen möglich, aber wenig empfehlenswert, weil der Brenner dann ungleichmäßig arbeitet und außerdem der Brennermund durch wiederholtes Auswechseln derartiger Bleche leicht beschädigt wird.

24. Siebbrenner (Abb. 27 rechts oben). Durch geeignete Verteilung der Löcher kann man Siebbrenner mit beliebig großer Wärmeleistung ausführen. Bohrt man die Löcher dicht nebeneinander, was sich günstig auf einen schnellen Wärmeausgleich auswirkt, so entsteht auch bei größeren Härtegeschwindigkeiten eine genügend gleichmäßige Härteschicht. Durch Anordnung mehrerer Lochreihen hintereinander kann die Leistung weitgehend gesteigert werden, allerdings auf Kosten der Wirtschaftlichkeit, da bei so eng nebeneinander liegenden Brennöffnungen der Zutritt der Luft zur Sekundärverbrennung behindert wird. Winklige Anordnung der einzelnen Lochreihen zueinander, wobei die Spitzen der Flammenkerne in einer einzigen Linie zusammentreffen (Büschelbrenner, Abb. 27 rechts unten), ist vorteilhaft; die Ausnutzung der Flammenenergie und die Härtegeschwindigkeit kann dadurch gesteigert werden.

25. Düsenbrenner mit einer Düsenreihe statt Schlitz haben den Vorteil, daß ihre Flammenlänge sehr gut unterschiedlichen Werkstücken angepaßt werden kann. Man hat die Möglichkeit, beispielsweise einzelne Düsen durch Blindstopfen zu ersetzen und so die Arbeitslänge des Brenners zu verändern oder durch Düsen mit abweichenden Bohrungen die Wärmeleistung zu ändern. Nachteilig ist der verhältnismäßig große Abstand zwischen den Einzeldüsen. Damit die Wärme in der erhitzten Oberfläche sich ausgleicht und eine gleichmäßige Härteschicht entsteht, darf die Erhitzungsgeschwindigkeit nicht zu groß sein. Düsenbrenner lassen sich an Profilformen schwer anpassen und werden daher nur für glatte, ebene oder zylindrische Flächen gebaut.

26. Verstellbare Brenner. Die Härtebrenner müssen zwecks guten und gleichmäßigen Wärmeüberganges der Form des zu härtenden Gegenstandes angepaßt sein. Ein ausreichender Anfall gleichartiger Werkstücke ist mithin Voraussetzung für eine wirtschaftliche Anwendung des Brennhärtens. Bei den üblichen Brennerbauarten gestattet nur der Düsenbrenner eine nachträgliche Änderung der Arbeitslänge. Nachteilig ist dabei, daß die Änderung nur innerhalb der durch den Abstand der Düsen gegebenen Stufen und auch nicht während des Betriebes möglich ist.

Abb. 28. Brennhärten von Lokomotivgleitbahnen in Ausbesserungswerken mit regel- und verstellbaren Spezialbrennern

Auf Grund der Tatsache, daß z. B. eine Lokomotivgleitbahn vom Rohzustand bis zur endgültigen Ausmusterung laufend nachgearbeitet und daher in ihrem Querschnitt verringert wird, entstanden Gleitbahnhärtebrenner, deren größte Abmessung der neuen Gleitbahn entspricht und deren kleinste dem Werkgrenzmaß angepaßt ist. Zwischen dem Größt- und

Kleinstmaß sind, abhängig von dem jeweiligen Bedarf, vier oder mehr Zwischenstufen vorhanden, die durch Hähne zu- oder abgeschaltet werden können. Da mit diesen Hähnen zugleich die Gemischmenge geregelt werden kann, wird auf diese Weise ein Überhitzen der Kanten sicher vermieden und ein einwandfreies Härten sämtlicher Zwischenabmessungen sichergestellt. Es können also die verschiedensten Gleitbahnen in ununterbrochener Folge ohne Brennerwechsel gehärtet werden. Das Härten mit einem solchen Brenner zeigt die Abb. 28.

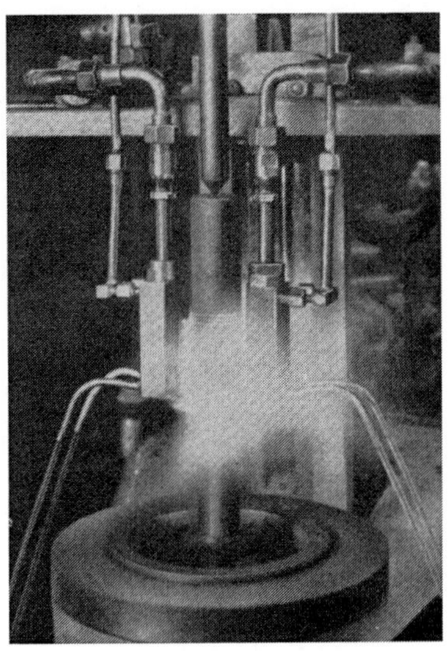

Abb. 29. Kolbenbrenner mit verstellbarer Brennlänge

Eine weitere Möglichkeit, die Brennlänge der Härtebrenner zu verändern, bietet der Kolbenbrenner (Abb. 29). Der Gemischraum, in den auf der einen Seite das Gemisch eintritt und auf der anderen Seite durch die Brennerbohrungen das Gemisch austritt, ist auf einem oder beiden Enden durch einen verschiebbaren Kolben begrenzt. Je nach Stellung des oder der Kolben werden mehr oder weniger viele Austrittsöffnungen des Brenners abgedeckt. Selbstverständlich kann man die Brennlänge nicht während des Betriebes ändern, solange die am Griffrohr eingestellten Gas- und Sauerstoffmengen konstant bleiben.

Für Vorschubhärtungen sind diese Brenner im allgemeinen wenig empfehlenswert, da sie auf Grund ihrer großen Baubreite einen zu großen Abstand Brenner-Brause ergeben. Sie finden in wassergekühlter Ausführung hauptsächlich Verwendung für die Umlaufhärtung der Ballen kleiner Kaltwalzen, da hierbei die seitlich überstehenden Kolben nicht stören.

27. Brennerpflege. Für die Lebensdauer der Brenner ist eine sachgemäße Pflege wichtig. Geprüft und eingestellt werden *Schlitzbrenner* durch Einlegen entsprechend starker Bleche, wonach der Schlitz durch vorsichtiges Hämmern wieder auf das richtige Maß gesetzt wird. Man reinigt sie mühelos durch Einführen eines etwa 0,1 mm dünneren Blechstreifens, der im Schlitz hin und her bewegt wird. Bei *Sieb-* und *Düsenbrennern* dürfen verstopfte Öffnungen nicht durch Draht oder ähnliche harte Gegenstände gesäubert werden. Hier ist vielmehr ein weiches Hölzchen zu verwenden, da sonst die Bohrungen aufgeweitet werden und ein unvermeidlicher Gasmehrverbrauch die Folge ist. Die Ausbesserung derartiger Brenner ist wesentlich schwieriger als bei Schlitzbrennern. Nur bei sorgfältiger Pflege wird eine ausreichende Lebensdauer erzielt.

Während des Reinigens der Brenner wird das Sauerstoffventil geöffnet, damit der Sauerstoffstrom die kleinen Verunreinigungen mit sich fortführen kann. Während dieser Arbeit ist das Gasventil des Griffrohres geschlossen zu halten.

Die Lebensdauer der Azetylenbrenner erreicht bis zu 2000 Brennstunden, in günstigen Fällen etwas mehr; bei Leuchtgashärtebrennern sind 5000 Brennstunden und mehr bei sachgemäßer Wartung und Pflege erreicht worden. Der Verschleiß ist also verhältnismäßig gering, wodurch die Wirtschaftlichkeit des Verfahrens wesentlich gefördert wird. Sachgemäße Behandlung und sorgfältige Lagerung schonen die Brenner beträchtlich.

28. Rückschlagsicherungen. Die von der Schweißtechnik her bekannten Wasservorlagen, die einen Flammenrückschlag von den Gasleitungen fernhalten sollen, erwiesen sich beim Brennhärten als zu klein. Sie sind ferner für die heute meist gebräuchlichen Brenngase: Leuchtgas, Methan und Propan ungeeignet, da die geringe Menge Sperrflüssigkeit zu schnell von dem durchströmenden trockenen

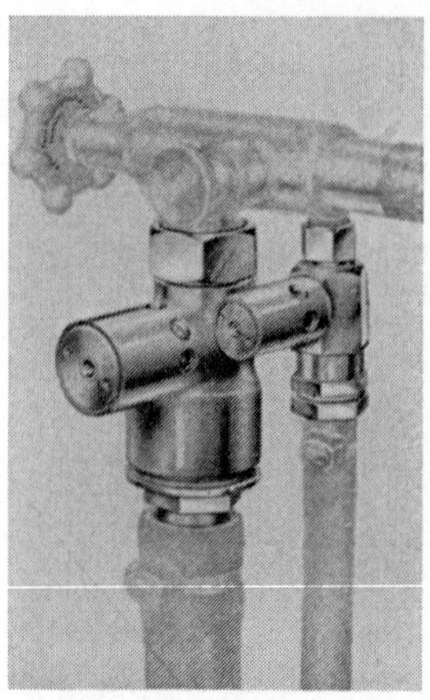

Abb. 30. Rückschlagsicherung für Leuchtgas und Sauerstoff, angebaut am Griffrohr

Gas aufgesogen wird. Es wurden deshalb für die Absicherung der Brennhärteanlagen *trockene* Rückschlagsicherungen entwickelt, die aus einer Flammensperre und einem Überdruckventil bestehen, das den Explosionsdruck gefahrlos ins Freie ableitet. Diese trockenen Rückschlagsicherungen sind wesentlich kleiner, so daß sie, unmittelbar am Griffrohr angebracht, alle Schlauchleitungen gegen Flammenrücktritt und Explosionsdruck absichern. Es erwies sich als zweckmäßig, auch die Sauerstoff-Schläuche in ähnlicher Weise zu sichern (Abb. 30).

29. Notwendige Betriebsdrücke. In der Regel wird das Brenngas dem Härtebrenner unter erhöhtem Druck zugeführt. Das hat den Vorteil, daß die Rohrleitungsquerschnitte klein sind und der Arbeitsbereich der Injektoren wesentlich größer ist. Der übliche Betriebsdruck beträgt bei Leuchtgas 0,3 atü, Azetylen und Methan

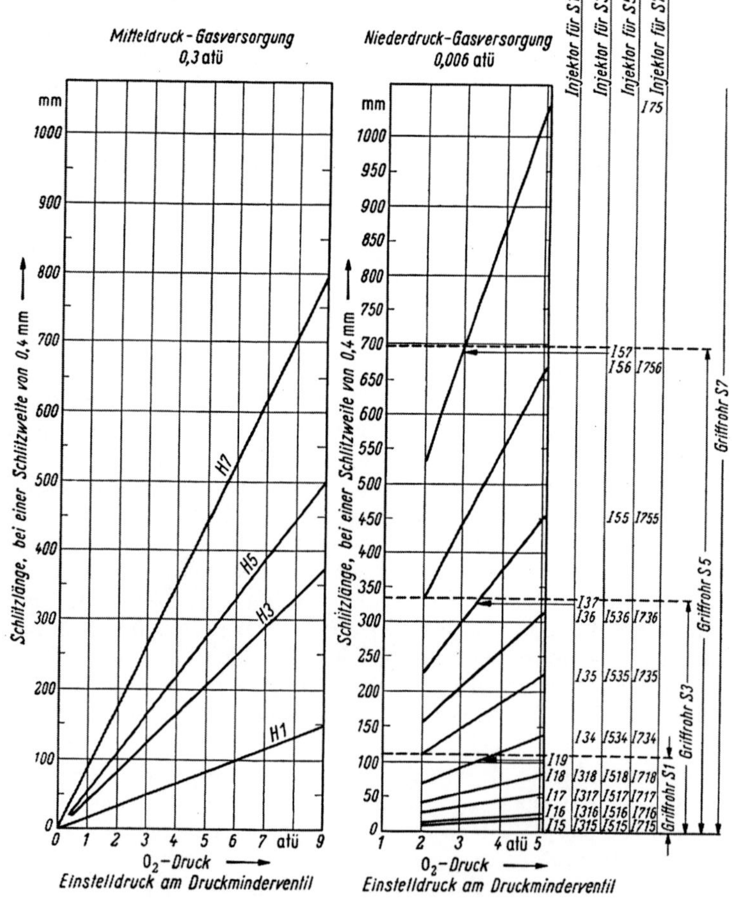

Abb. 31. Sauerstoffdruck in Abhängigkeit von der Schlitzlänge der Härtebrenner bei Betrieb mit Leuchtgas und Sauerstoff

0,8···1,0 atü, Propan 0,5···1,0 atü. Grundsätzlich ist auch die Verwendung von Niederdruckgas unter 100 mm WS möglich. Allerdings müssen dann die Injektoren dem Austrittsquerschnitt der Härtebrenner wesentlich feinstufiger angepaßt werden, damit das günstigste Mischungsverhältnis stets aufrechterhalten bleibt. Der Sauerstoffdruck richtet sich nach der Brennergröße und kann bis zu 20 atü betragen (vgl. Abb. 31).

C. Abschreckvorrichtungen und Abschreckmittel

Den Abschreckvorrichtungen kommt, was manchmal noch übersehen wird, mindestens ebensoviel Bedeutung zu wie den Brennern. Das richtig erhitzte Werkstück muß einwandfrei und gleichmäßig abgekühlt werden mit einer Geschwindigkeit, die über der kritischen Abkühlgeschwindigkeit des Stahles liegt. Der Kühlstrahl darf einerseits die Flamme nicht stören, andererseits muß er aber so kräftig sein, daß die Bildung feiner Dampfbläschen auf der erhitzten Oberfläche (LEIDENFROSTsches Phänomen) zuverlässig unterbunden wird, da sonst Weichfleckigkeit die Folge ist.

30. Abschreckbehälter zum Einwerfen oder -tauchen des erhitzten Werkstückes kommen deshalb nur für kleine Bolzen, Schrauben, Scherenmesser und ähnliche Werkstücke geringer Abmessungen in Frage.

31. Brausen. Brenner und Brause sind beim Umlaufverfahren zwei selbständige Bauteile, bei der Linienhärtung zu einer Baugruppe vereinigt. Für das *Umlaufhärten* werden die Brausen tunnelförmig ausgebildet und meist mit mehreren Lochreihen versehen. Die Durchmesser der einzelnen Löcher schwanken zwischen 0,75 und 2 mm, je nach Größe des abzukühlenden Werkstückes. Wesentlich schwieriger ist die Herstellung der Brausen für das *Linienverfahren*, da hier der Wasserstrahl unmittelbar der Flamme folgt und sie nicht stören darf, gleichzeitig aber mit genügender Geschwindigkeit auf die erhitzte Fläche auftreffen muß und sich dort gleichmäßig verteilen soll.

Als *Brausen* finden sowohl einzelne nebeneinander liegende, aus einer gemeinsamen Zuleitung gespeiste Kupferröhrchen, als auch Hohlkörper mit einer oder mehreren Lochreihen Verwendung. Gern werden auch Brausen benutzt, die senkrechte Schlitze mit etwa 5···10 mm Abstand aufweisen. — Bei Siebbrennern findet man häufig die Brause fest mit dem Brenner verbunden, so daß dadurch gleichzeitig der Brenner wassergekühlt wird. Diesem Vorteil steht aber als Nachteil gegenüber, daß der einmal gewählte Abstand zwischen Brenner und Brause nachträglich nicht mehr geändert werden kann.

Vernachlässigt wird oft die *Pflege* der Brausen. Besonders solche aus *Eisen* müssen nach dem Gebrauch abgetrocknet und mit Preßluft ausgeblasen werden. Trotz der höheren Anschaffungskosten empfiehlt sich daher die Anfertigung der Brausen aus einem nichtrostenden Werkstoff.

32. Der Abstand Brenner-Brause hat auf die Härtetiefe wesentlichen Einfluß und muß deshalb vergrößert oder verkleinert werden können. Man wird also, sofern es sich nicht um Sonderbrenner für ein bestimmtes Werkstück handelt, besser Brenner und Brause unabhängig voneinander ausbilden. Der Abstand kann dann leicht durch Verschrauben oder durch Höher- und Tiefersetzen der Brause am Brenner eingestellt werden.

33. Wasser als Kühlmittel (vgl. Abschn. 37). Zum Abkühlen wird beim Brennhärten meistens reines Wasser benutzt; man kann es entweder unmittelbar der Wasserleitung entnehmen oder aus einem Behälter umpumpen. Wird eine Betriebswasserleitung benutzt, so sind vor der Härteanlage *Schmutzfilter* einzubauen, damit ein Zusetzen der Brausen sicher vermieden wird. Im Winter ist besonders darauf zu achten, daß die *Wassertemperatur* nicht zu stark absinkt, 10···15° C dürften wohl die untere Grenze bilden. Bei niedrigeren Temperaturen neigen empfindliche Werkstücke, z. B. Zahnräder, Nockenwellen, zu Härterissen, zumal wenn sie aus höher gekohlten oder stärker legierten Stählen angefertigt sind. In solchen Fällen kann das Umpumpen, besonders wenn der Auffangbehälter geschützt liegt, neben der Wassergeldersparnis Vorteile bringen. Die Wassermenge kann überschläglich mit etwa 10···20% der Sauerstoffmenge angesetzt werden.

Für die beim Brennhärten benutzten Stähle kommt man mit *Wasser* als *Kühlmittel* durchaus zurecht. Infolge der geringen Erhitzungstiefen können auch solche Werkstoffe, die auf Grund ihres Kohlenstoffgehaltes oder ihrer Legierung an sich Ölhärter sind, z. B. 50 Cr Mo 4, Kugellagerstahl mit 1,1% C und ähnliche Stähle, wenn nicht gar zu ungünstige Querschnitte zu härten sind, mit Wasser ohne Rißbildung abgeschreckt werden. Der Wasserdruck sollte niemals zu schwach sein, die Leitungsquerschnitte dürfen daher nicht zu klein gewählt werden, damit das Wasser stets mit der wünschenswerten Geschwindigkeit austritt.

34. Sonstige Abschreckmittel. An Stelle von Wasser hat man gelegentlich schon Wassernebel, die von feinen Zerstäuberdüsen erzeugt werden, verwandt. Man kann solche Wassernebel auch durch Preßluft oder Naßdampf erzeugen und dadurch eine mildere Abschreckung erreichen.

Bei der *Schienenstoßhärtung* benutzt man das Abschreckvermögen des kalten Kernes und erhält so ein Zwischengefüge mit einer Festigkeit von 120···130 kp/mm², ohne daß dem Brenner eine Brause folgt. In manchen Fällen kann es allerdings zweckmäßig sein, den Abkühlvorgang durch *Preßluft* zu unterstützen.

Stähle mit mehr als 0,5% C oder höherem Legierungsgehalt und Werkstücke mit ungünstigem Querschnitt oder großen Einhärtetiefen erfordern ein milder wirkendes Abschreckmittel. Bei der Linienhärtung kommen dafür nur *Öl-Wasser-Emulsionen* in Frage, wobei die Konzentration um so höher sein kann, je geringer die gewünschte Oberflächenhärte und je kleiner die kritische Abkühlgeschwindigkeit des Werkstoffes ist. Bei der Auswahl der Emulsionsöle ist darauf zu achten, daß sie nicht mit Ammoniak neutralisiert wurden, um eine Belästigung des Härters auszuschließen.

Beim Umlaufhärten großer Werkstücke mit großer Einhärtetiefe, zumal von Zahnrädern aus Cr-Mo- oder Cr-V-Stählen, hat sich ausschließlich *Öl* als Abschreckmittel bewährt.

Während das Auffangen und Umpumpen des Wassers sich nur beim gleichzeitigen Betrieb mehrerer und größerer Härtemaschinen rentiert, müssen Emulsion und Öl stets aufgefangen, umgepumpt und rückgekühlt werden, wozu die Härtemaschinen serienmäßig mit den entsprechenden Aggregaten ausgerüstet werden.

D. Versorgungseinrichtungen und Hilfsmittel

35. Brenngasversorgung. Wenn der Druck des Brenngases aus Flaschen, aus einer Fernleitung oder aus einem Hochdruckentwickler nicht ausreicht, muß ein Gasverdichter genügender Leistung aufgestellt werden. Rotationsverdichter eignen sich besser als Kolbenverdichter, zumal der benötigte Gasdruck 1 atü selten überschreitet, üblicherweise zwischen 0,3 und 0,5 atü bei Leuchtgas, 0,8 und 1,0 atü bei Azetylen, Erdgas und Propan, liegt. Die Verdichter sind mit einer Umlaufleitung mit selbsttätig arbeitendem Umlaufregler zu versehen, der die überschüssige Gasmenge wieder auf die Ansaugseite zurückleitet. Um ein Mitreißen von Schmieröl in die Brenner zu verhindern, muß die Umlaufleitung ausreichend lang sein. Am besten werden Trockenläufer verwendet, die selbstschmierend kein Öl benötigen. Bei kleineren Anlagen kann man an Stelle des Umlaufreglers auch einen gewöhnlichen Absperrhahn einbauen, der dann so weit geöffnet wird, daß bei arbeitendem Brenner gerade noch der erforderliche Gasdruck vorhanden ist. Zum Schutz etwa vor dem Verdichter liegender Meßeinrichtungen ist eine ausreichende Ansaugleitung, am besten ein Ausgleichbehälter, vorzusehen.

Sofern an die Gasleitung noch andere Gasverbraucher angeschlossen sind und die Möglichkeit besteht, daß der Vordruck in der Ansaugleitung unter 10 mm WS absinkt, ist zwischen Gasmesser und Verdichter eine *Gasmangelsicherung* einzubauen. Diese muß bei Unterschreiten des eingestellten Mindestdruckes zunächst den Sauerstoff abschalten, da sonst der Brenner zerstört wird, und wenige Sekunden später über ein Verzögerungsrelais den Verdichter.

Flüssiggas kann in kleinen Mengen den gebräuchlichen Flaschenbatterien gasförmig entnommen werden, wobei das Propan die zur Verdampfung notwendige Wärmemenge seiner Umgebung entnimmt. Dabei kann einer 33-kg-Flasche im Dauerbetrieb höchsten 1,5 kg/h entnommen werden. Werden größere Mengen Propan benötigt oder soll ein Propan-Butan-Gemisch in gleichbleibender Zusammensetzung verdampft werden, so ist die Entnahme in der Flüssiggasphase erforderlich. Dann wird das Flüssiggas durch einen Verdampfer geleitet, der durch eine elektrisch erwärmte Glysantin-Füllung beheizt wird.

Zur leichteren Flüssiggasentnahme stehen in einem Entnahmeschrank jeweils zwei 33-kg-Flaschen auf dem Kopf. Das Wenden kann mit Hilfe der eingebauten Halte- und Kippvorrichtung bequem erfolgen. Die Zahl der gleichzeitig anzuschließenden Flaschen richtet sich nach dem anfallenden Verbrauch.

Propan und Propan-Butan-Gemische behalten den der jeweiligen Temperatur zugeordneten Dampfdruck bei bis zur völligen Verdampfung des letzten Tropfens. Der Gasdruck ist daher kein Maß für den restlichen Inhalt der Flüssiggasflasche. Dieser kann nur aus dem Gewicht ermittelt werden. Dem Propanverdampfer kann eine Sicherheits- und Entleerungsvorrichtung vorgeschaltet werden, die den Verdampfer stillsetzt, sobald der Flascheninhalt eine bestimmte Restmenge unterschreitet. Von dem selbsttätigen Abschalten der Anlage wird der Bedienungsmann vorher durch ein Signal unterrichtet.

Die Verdampfer werden gewöhnlich für eine Leistung von 12 oder 24 kg/h hergestellt. Bei größeren Entnahmemengen kann es zweckmäßig sein, die Flaschen bis zur Hälfte aufrecht in ein Wasserbad zu stellen, das je nach der geforderten Entnahme auf 30···40 °C erwärmt wird.

Die Wichtigkeit ausreichender *Rohrleitungsquerschnitte* kann nicht oft genug betont werden. Man muß die Leitung möglichst weit wählen, da erfahrungsgemäß der Anwendungsumfang des Brennhärtens sehr schnell steigt und dann die ursprünglichen Leitungen zu klein werden.

Wenn verhältnismäßig kleine Werkstücke zu härten sind, empfiehlt es sich, in die Druckleitung *Druckregler* einzubauen, die man auf eine bestimmte als zweckmäßig erkannte Druckhöhe leicht von außen einstellen kann, ohne sie zu diesem Zweck auseinandernehmen zu müssen. Der Druck wird durch ein Manometer gemessen, das zweckmäßig in nächster Nähe der Maschine angebracht wird, damit vom Arbeitsplatz aus die Druckhöhe abgelesen und erforderlichenfalls nachgestellt werden kann.

36. Sauerstoffversorgung. Der Sauerstoff wird meist in Flaschen bezogen. Sofern größere Stückzahlen oder größere Werkstücke zu härten sind, empfiehlt es sich, mehrere Flaschen zu einer Batterie zusammenzustellen, wobei man zweckmäßig zwei Sammelleitungsstränge vorsieht, die entweder einzeln oder gemeinsam auf die Versorgungsleitung arbeiten können. Durch besondere Hauptabsperrhähne muß jeder Strang für sich abschaltbar sein, so daß man jeweils eine Seite auswechseln kann. Auch die einzelnen Flaschen sollten über besondere Absperrhähne an die Sammelleitung angeschlossen werden, damit erforderlichenfalls undichte Flaschen getrennt ausgewechselt werden können. Der Flaschendruck wird am besten erst in Nähe der Härtemaschine durch ein zweistufiges Druckminderventil auf den benötigten Arbeitsdruck herabgesetzt. Bei größeren Entnahmemengen empfiehlt sich ein Einfrierschutz vor dem Druckminderer. Er besteht aus einer elektrisch geheizten Widerstandspatrone und ist bequem zwischen dem Entnahmeventil und dem Druckminderer einzubauen. Der Arbeitsdruckbereich sollte nicht zu niedrig sein, bewährt haben sich Druckminderer, die bis zu 15 atü, bei größeren Brennern bis zu 25 atü Arbeitsdruck gehen.

Sämtliche Sauerstoffleitungen, -ventile und -meßgeräte sind sorgfältig *fettfrei* zu halten. Für sehr große Entnahmemengen hat sich aus Transportgründen die Versorgung mit Flüssig-Sauerstoff als zweckmäßig erwiesen. Die Kaltvergaseranlagen arbeiten ohne Wartung und erzeugen ohne Verdichter einen ausreichenden Betriebsdruck.

37. Wasserversorgung (vgl. Abschn. 33). Das benötigte Wasser zum Abschrekken wird gewöhnlich unmittelbar der Wasserleitung entnommen. Bei größeren Härteanlagen empfiehlt es sich jedoch, einen unterirdischen Behälter mit einer Unterwasserpumpe vorzusehen, die das Härtewasser dauernd umpumpt. Selbstverständlich darf in solchen Fall die Möglichkeit einer Frischwasserzufuhr nicht vergessen werden. Es empfiehlt sich, vor die Härtemaschine einen Filter zu setzen, um Verunreinigungen, die die Brause verstopfen könnten, fern zu halten.

38. Betriebskontrolle. a) Brennereinstellung. Die Gleichmäßigkeit des Härteergebnisses hängt, abgesehen von einer verständnisvollen Brennerpflege davon ab, daß die Brennereinstellung stets gleichmäßig ist. Um diese Einstellung überwachen zu können, haben sich Mengenmesser, die nach dem Durchflußprinzip arbeiten, bewährt. Indem man für sämtliche vorhandenen Brenner ein für allemal die günstigste Einstellung mit Hilfe dieser Meßgeräte festlegt und in die Zeichnungen oder Arbeitskarten einträgt, kann man sich auch im laufenden Betrieb leicht und schnell davon überzeugen, daß die einmal gewählte Einstellung gleichmäßig bleibt. Selbstverständlich muß der Gasdruck durch geeignete Regler konstantgehalten werden.

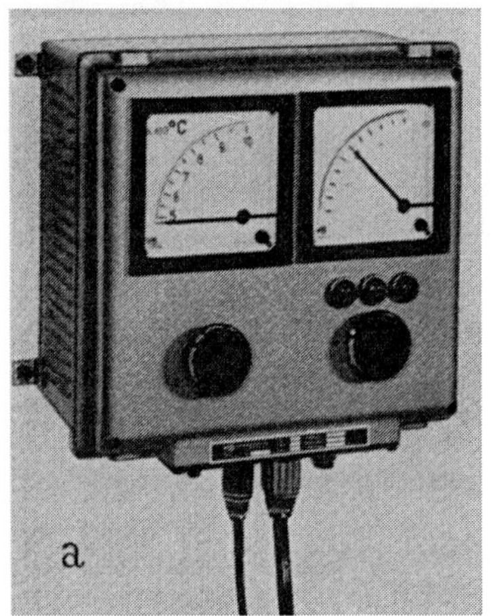

a Anzeigegerät

b Meßkopf

Abb. 32a u. b. Trägheitslos und berührungsfrei arbeitendes Temperatur-Meßgerät Milliskop

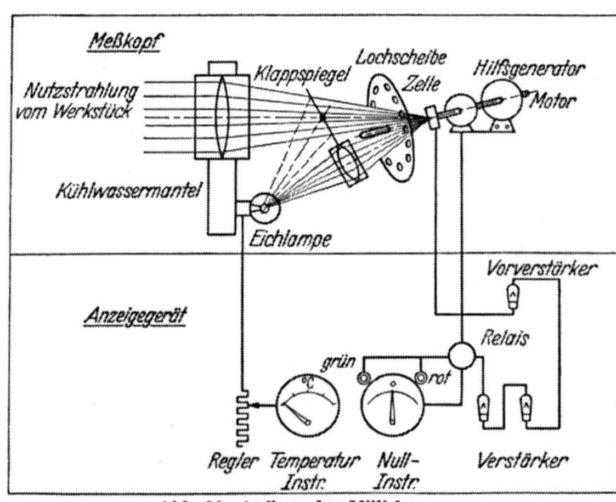

Abb. 33. Aufbau des Milliskops

b) Temperaturmessung. Die in den Härtereien üblichen optischen Pyrometer arbeiten so träge, daß sie die schnell ansteigende Härtetemperatur beim Brennhärten nicht richtig anzeigen. Bei dünnen Querschnitten tritt dann leicht eine Überhitzung ein, die zur Durchhärtung führt. Heute steht im „Milliskop" ein trägheitslos arbeitendes Temperaturmeßgerät zur Verfügung (Abb. 32), das mit Hilfe von Fotozellen eine Steuerung des Härtevorganges gestattet und daher das Brennhärten zu einem wirklich narrensicheren Verfahren macht. Die benötigte strahlende Fläche ist so klein, daß das Gerät auch für die Linienhärtung, für die bisher keine Meßmöglichkeit bestand, brauchbar ist. Eine neuartige Visiereinrichtung gestattet eine genaue Ausrichtung des Meßkopfes, so daß Fehlmessungen ausgeschlossen sind (Abb. 33).

Wo keine Temperaturmeßgeräte zur Verfügung stehen, muß man am Bruchgefüge und der Härte prüfen, ob die Härtetemperatur richtig war, d. h. ob der Rand ein gleichmäßig samtartiges, mattes Aussehen zeigt; war die Temperatur zu hoch, sieht man am äußersten Rand grobe, glänzende Kristalle; war die Temperatur dagegen zu niedrig, wird keine oder eine nur unzureichende Härte gemessen. Der Anfänger neigt leicht dazu, die Temperatur übermäßig hoch zu wählen, er tut gut daran, häufiger Bruchproben vorzunehmen und danach die Anwärmzeiten festzulegen.

c) **Zeitmessung.** Das Messen der Anwärmzeit mit Hilfe einer Stoppuhr oder selbsttätig durch ein einstellbares elektrisches Zeitrelais kann, wenn die Druckreglung und Mengenkontrolle einwandfrei sind, so daß eine gleichmäßige Wärmeleistung der Brenner sichergestellt ist, gleichfalls vorteilhaft sein, insbesondere bei der Serienfertigung gleicher Werkstücke.

E. Vorausberechnung der Härtekosten

Die Härtekosten umfassen beim Brennhärten die Lohnkosten für die Arbeitszeit, die Energiekosten und die Abschreibung für die Anlagen.

39. Die Arbeitszeit[1] (Zeiten in min) setzt sich zusammen aus der Erhitzungszeit t_e, der Abkühlzeit t_a und der Nebenzeit t_n für das Auswechseln des Werkstückes, Schalten der Maschine usw. Hierzu kommt der von der Stückzahl unabhängige Zeitbedarf für das Einrichten der Maschine, die Rüstzeit t_r. In t_e, t_a und t_n sind die durch Störungen, Unregelmäßigkeiten usw. entstehenden Zeitverluste nicht enthalten. Zu diesen Zeiten ist daher ein durch Beobachtungen zu ermittelnder Verlustzeitzuschlag t_v hinzuzufügen. Wenn z gleiche Werkstücke zu härten sind, ergibt sich für diese allgemein die Arbeitszeit zu

$$t = t_r + z \left(t_e + t_a + t_n + t_v \right) \ [\text{min}].$$

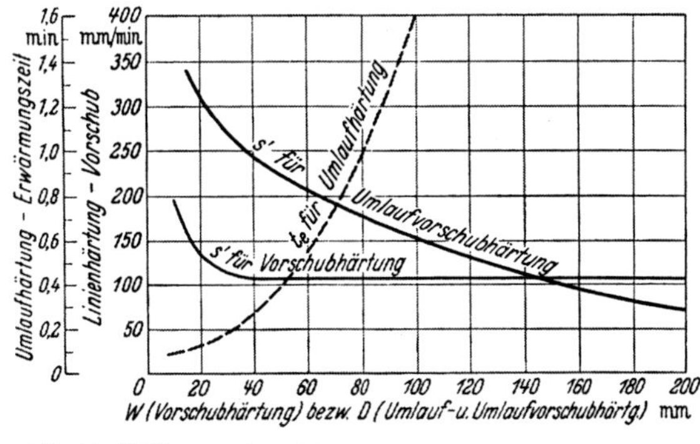

Abb. 34. Erhitzungszeit und Brennervorschub beim Brennhärten

Bei der *Umlaufhärtung* hängt die Erhitzungszeit t_e vom Durchmesser des Werkstückes ab und kann der Abb. 34 entnommen werden. Die Abkühlzeit t_a beträgt etwa 80···120% von t_e. Für Überschlagsrechnungen wird sie zweckmäßigerweise gleich der Erhitzungszeit t_e angesetzt.

Bei der *Linienhärtung* wird gleichzeitig erhitzt und abgeschreckt. Die Erhitzungszeit t_e und die Abkühlzeit t_a fallen daher zur Hauptzeit t_h zusammen. Diese

---

[1] Vgl. Verband für Arbeitsstudien Refa e. V.: Veröffentlichungen durch Beuth-Vertrieb, Berlin W 15 oder Köln. — Siehe auch Werkstattbuch H. 100: PRISTL, Arbeitsvorbereitung II, 2. Aufl. 1958.

kann mittels der Vorschubgeschwindigkeit s' [mm/min], die für die Vorschubhärtung von der Wandstärke W, für die Umlaufvorschubhärtung vom Durchmesser D abhängig ist (Abb. 34), unter Berücksichtigung der Härtelänge L, wie folgt errechnet werden

$$t_h = t_e + t_a = \frac{L}{s'} + (0{,}3\cdots0{,}5)\ [\text{min}]\,.$$

Der Zuschlag von 0,3···0,5 min rührt daher, daß das Werkstück zu Beginn erst auf Härtetemperatur erhitzt werden muß, bevor der Vorschub eingestellt werden kann, wozu 3···5 s erforderlich sind, während nach Beendigung der Erhitzung am Schlusse der Härtelänge das Werkstück noch 15···25 s nachgekühlt werden muß.

Die Rüstzeiten t_r und die Nebenzeiten t_n sind abhängig von der Härtemaschine und dem Gewicht der Werkstücke, die Verlustzeit t_v von den Verhältnissen des Betriebes; sie ist etwa derjenigen bei Dreharbeiten vergleichbar. Die Werte sind örtlich verschieden.

40. Der Energieverbrauch ist bedingt durch die Größe der zu härtenden Fläche, die Härtetiefe, den Werkstoff und den Anschlußwert des Brenners, der aus der Schlitzlänge s bzw. der Anzahl der Bohrungen gemäß Tab. 7 errechnet werden kann. Der Wasserverbrauch w kann überschläglich zu 10% des Sauerstoffverbrauches eingesetzt werden.

Tabelle 7. *Anschlußwerte der Härtebrenner in l/min*

Brenner	Schlitzbrenner l/min je mm Schlitz		Siebbrenner l/min je Bohrung		übliches Mischungsverhältnis Gas : O_2
	Brenngas g	Sauerstoff o	Brenngas g	Sauerstoff o	
Leuchtgas	2,00	1,20	4,00	2,40	1 : 0,6
Propan	0,34	1,40	0,45	1,80	1 : 4,0
Erdgas	0,60	1,20	0,80	1,60	1 : 2,0
Azetylen	1,00	1,15	1,75	2,0	1 : 1,15

Für die Ermittlung des Energieverbrauchs müssen bei den verschiedenen Härteverfahren folgende Schlitzlängen s in Abhängigkeit von der zu härtenden Länge L und dem zu härtenden Durchmesser D bzw. der zu härtenden Breite B des Werkstückes zugrunde gelegt werden.

a) Umlaufhärtung:
$s = 2\,L$, wenn $L > D$
$s = 3\,L$, wenn $L < D$ oder $D >\ \ 75$ mm,
$s = 4\,L$, wenn $L < D$ oder $D > 100$ mm.

b) Vorschubverfahren:
  1. Flächen: $s = B$,
  2. Zahnräder: $s = 4$ Modul.

c) Umlaufvorschub: $s = 3\,D$.

Aus diesen Angaben errechnet sich der Energieverbrauch für z Stück nunmehr wie folgt:

Brenngas: $G = z \cdot g \cdot t_e$ Liter $= z \cdot g \cdot t_e/1000$ m³,
Sauerstoff: $O_2 = z \cdot o \cdot t_e$ Liter $= z\ \ o \cdot t_e/1000$ m³,
Wasser: $W = z \cdot w \cdot t_a$ Liter $= z \cdot w \cdot t_a/1000$ m³.

Für die Abschreibung der Anlage kann für die Härtebrenner mit einer Benutzungsdauer von 1000 Stunden, für die Härtemaschinen und Zubehörteile mit 5 bis 6 Jahren gerechnet werden. Da die Maschinen ständig im Wasser arbeiten, hängt naturgemäß viel von ihrer Pflege und Wartung ab.

III. Werkstoffe

A. Unlegierte und legierte Stähle

41. Kennzeichen aller für das Brennhärten geeigneten Stähle ist gemäß Abschn. 1 der gegenüber den Einsatzstählen höhere Kohlenstoffgehalt (Abb. 35) Geeignete Werkstoffe sind die Vergütungsstähle mit einem Kohlenstoffgehalt von mindestens 0,3 bis höchstens 1,0%, ferner diejenigen Gußwerkstoffe, bei denen mindestens 0,5% Kohlenstoff in gebundener Form vorliegt.

Die Vergütungsstähle zeichnen sich gegenüber den Einsatzstählen durch größere Festigkeit aus, so daß man mit geringeren Querschnitten auskommt oder aber höhere Kräfte übertragen kann.

Da das Brennhärten nur den äußeren Rand erfaßt, kommen Einsatzstähle, auch wenn sie vorher aufgekohlt wurden, nur in Ausnahmefällen zur Anwendung, denn eine einwandfreie Vergütung des Kerns ist beim Brennhärten nicht durchzuführen. Wo aber aufgekohlte Werkstücke bei üblicher Abschreckung zu Härterissen (Gleitbahnen), Abblätterungen (Kolbenstangen) und Verzug (Zahnräder) neigen und andererseits den Kerneigenschaften des Werkstoffes nicht allzu großer Wert beizumessen ist oder die Querschnitte gering sind, wird das Brennhärten mit Vorteil auch auf aufgekohlte Einsatzstähle ausgedehnt. Dabei kann dann das Abdecken der weich zu haltenden Stellen unterbleiben und somit Vor- und Nacharbeit eingespart werden.

42. Werkstoffübersicht. In Tab. 8 gehören zur *Gruppe* 1 die Maschinenbaustähle nach DIN 17100.

Diese Stähle werden im Siemens-Martin-Ofen oder in der Thomas-Birne mehr oder weniger gleichmäßig und rein erschmolzen. Die Gleichmäßigkeit der Analyse ist nicht gewährleistet. Sie werden ausschließlich gehandelt und geliefert auf Grund ihrer Festigkeitseigenschaften. Die Festigkeit wird nun aber nicht nur durch den Kohlenstoffgehalt, der für das Brennhärten ausschlaggebend ist, sondern auch durch die Art der Vorbehandlung (Walzvorgang, Kaltverformung usw.) beeinflußt (Abb. 35). Der Kohlenstoffgehalt kann daher in ziemlich weiten Grenzen schwanken. Mithin liegt die zu erreichende Oberflächenhärte innerhalb eines größeren Streubereiches. *St 50* und *St 52* sind bedingt zum Brennhärten brauchbar, besonders für Walzprofile, die örtlichem Verschleißangriff unterliegen und deren Kohlenstoffgehalt mit Rücksicht auf die Schweißbarkeit nicht höher gewählt werden kann.

St 60 kann für einfache Bolzen, glatte Wellen, Achsen und Zapfen Verwendung finden. Das ist sehr wichtig, da bisher schon die meisten Wellen dieser Art aus diesem Werkstoff angefertigt sind und der Übergang von Rotguß oder Weißmetall für Lager auf Kunstharz oder Sintereisen das nachträgliche Brennhärten der Lauffläche erforderlich macht.

St 70 ist, besonders bei schwierig geformten Werkstücken, bereits sehr rißempfindlich und sollte daher möglichst nicht benutzt werden.

Für schwierige Formen, insbesondere Zahnräder oder hochbeanspruchte Werkstücke, sind diese Stähle allgemein weniger brauchbar.

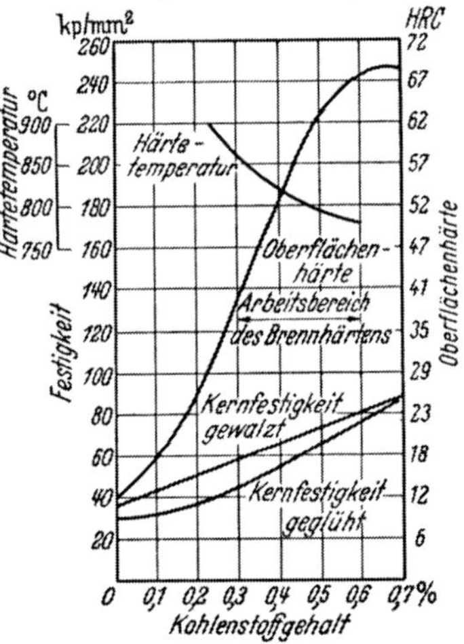

Abb. 35. Einfluß des Kohlenstoffgehaltes auf Kernfestigkeit und Oberflächenhärte unlegierter Kohlenstoffstähle. (Die *HRC*-Werte sind nachträglich aus den Festigkeitszahlen berechnet)

Wesentlich mehr Sorgfalt wird auf die Reinheit und Härtbarkeit der *Vergütungsstähle* nach DIN 17200 gelegt, von denen das *Werkstoffblatt 830—55* des VdEh eine Auswahl der beim Brenn- und Induktionshärten zu bevorzugenden Stähle bringt. Der annähernd gleiche Kohlenstoffgehalt sichert eine gute Gleichmäßigkeit des Härteergebnisses. Infolge der größeren Reinheit und besseren Erschmelzung eignen

Tabelle 8. *Werkstoffe für das Brennhärten*

Gruppe	Art	Kohlenstoff %	Mangan %	Silizium %	Sonstiges %	erreichbare		Härtetemperatur °C
						Härte RC	Härtetiefe mm	
1 a	Brennhärtestahl *RBH*	0,75···0,90	0,2···0,3	0,1 ···0,2	—	65···67	max. 2,0	780···750
b	C-Stahl	0,32···0,62	0,4···0,7	0,3 ···0,5	—	45···63	2··· 4	880···820
c	Mn-Stahl	0,28···0,44	0,7···1,5	0,3 ···0,5	—	52···58	2··· 6	840···820
2 a	Mn-V-Stahl	0,38···0,45	0,16···1,9	0,15···0,35	0,07···0,12 V	55···60	2··· 6	820···800
b	Cr-Stahl	0,30···0,55	0,5 ···0,8	max. 0,4	max. 1,1 Cr	53···60	2··· 4	850···820
c	Cr-Mn-Stahl	0,35···0,47	0,8 ···1,2	0,5 ···0,8	1,0 ···1,3 Cr	58···63	2··· 5	870···830
d	Cr-V-Stahl	0,47···0,62	0,7 ···1,1	0,3 ···0,4	0,9 ···1,2 Cr 0,1 ···0,2 V	58···62	2··· 6	880···860
3 a	Cr-Mo-Stahl	0,25···0,45	0,5 ···0,8	0,35	0,9 ···1,9 Cr 0,15···0,4 Mo	50···60	2···10	860···820
b	Cr-Ni-Stahl	0,25···0,40	0,4 ···0,8	0,35	0,5 ···1,1 Cr 0,65···4,0 Ni	56···60	2···10	850···800
c	Ni-Stahl	0,35···0,55	0,4 ···0,8	0,35	3,25···3,75 Ni	55···58	2···10	850···820
4	rostfreier Stahl	0,20···0,90	0,2 ···0,5	0,3 ···0,5	12···18 Cr	35···55	2··· 3	1030···980
5	Kaltwalzenstahl	0,8 ···1,5	0,2 ···0,8	0,15···0,35	—	60···65	5···20	950···850
6 a	unlegierter Stahlguß	0,40···0,60	0,4 ···0,7	0,3 ···0,5	1,0 ···2,1	45···60	2···3	880···820
b	legierter Stahlguß	0,40···0,60	0,4 ···0,7	0,3 ···0,5	—	45···60	3···8	880···820
7 a	Grauguß	2,4 ···3,2[1]	0,5 ···0,6	0,3 ···0,5	max. 0,8 Cr	40···55	2···3	850···820
b	Temperguß	2,0 ···2,8[1]	0,5 ···0,8	0,4 ···0,5	—	50···60	2···3	860···820

[1] Davon muß mindestens 0,5% in gebundener Form vorliegen.

sich diese Vergütungsstähle *besonders gut* für das Brennhärten und geben auch für hochbeanspruchte Werkstücke ausgezeichnete Ergebnisse.

Der Stahl *Ck 35* findet vornehmlich für dauerbeanspruchte, dagegen geringem Verschleiß ausgesetzte Maschinenelemente, ferner für Zahnräder sehr großen Durchmessers mit mittleren Zahndruck Verwendung. Der Vergütungsstahl *Ck 45* wird in größtem Umfange für das Brennhärten aller möglichen Werkstücke gebraucht. Im Auto- und Fahrzeugbau werden kleinere Kurbelwellen, Kipphebel, Nockenwellen und andere Teile daraus angefertigt. Aus dem Werkzeugmaschinenbau seien Spindeln, Keilwellen, Führungsleisten usw. als Beispiele genannt. Da der Stahl *Ck 60* bereits ziemlich rißempfindlich ist, wurde er in den letzten Jahren durch den Stahl *Cf 53* ersetzt. Der Kohlenstoffgehalt genügt, um die für die Drehbankspindeln, Pinolen und ähnliche hochbeanspruchte Werkstücke notwendige Oberflächenhärte von 60 *RC* zu erreichen, ohne daß der Werkstoff, auch bei schwierig geformten Werkstücken, zu Härterissen neigt. Der Stahl *Ck 60* kommt daher heute nur noch für glatte Bauteile, deren Härteschicht weder durch Schmiernuten noch durch Bohrungen oder ähnliches unterbrochen wird, in Frage, wenn mindestens 61 *RC* verlangt werden.

Die erreichbaren Härtewerte der Kohlenstoffstähle bei richtiger Härtetemperatur können dem Schaubild Abb. 35 entnommen werden. Bei den unlegierten Normstählen gibt es keinen, der ohne Einschränkung eine Mindestoberflächenhärte von 60 *RC* zu erreichen gestattet. Für Bauteile mit geringen Abmessungen oder dünnen Querschnitten, bei denen eine bestimmte geringe Einhärtung nicht überschritten werden darf, sind die Normstähle gleichfalls ungeeignet, weil bei ihnen hier die Gefahr der Durchhärtung besteht. Diese Einschränkungen, die die Anwendung des Brennhärtens in manchen Fällen behinderten, gaben Veranlassung zur Entwicklung eines besonderen Brennhärtestahles. Gefordert wurde ein Stahl mit begrenzter Einhärtung von höchstens 2 mm mit einer Mindesthärte von 60 *RC*. Gemeinsam mit den Röchlingschen Eisen- und Stahlwerken wurde der *RBH-Stahl* (Tab. 8), Gruppe 1a entwickelt, der diesen Bedingungen in allen Teilen genügt und der sich in geglühtem Zustande ferner noch gut bearbeiten läßt. Auf Grund seines wesentlich höheren Kohlenstoffgehaltes kann er bei besonders niedriger Härtetemperatur gehärtet werden, wodurch die Einhärtung weiter herabgesetzt wird (Abb. 36).

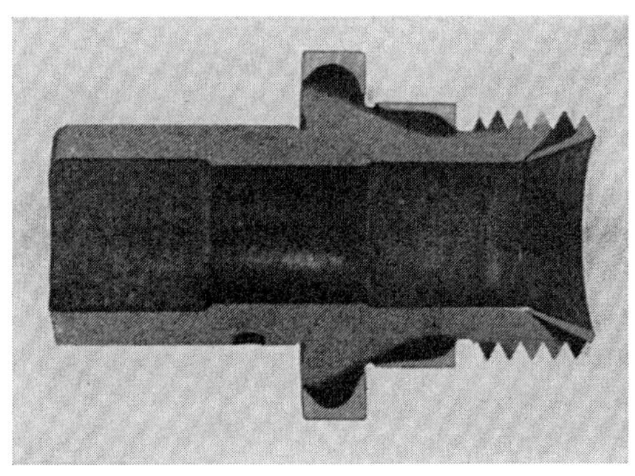

Abb. 36. Drehbankspindel aus *RBH*-Stahl

Der *RBH-Stahl* ermöglichte erstmalig das serienmäßige Brennhärten von Kleinmotoren- und Nähmaschinenwellen aller Art von 8···20 mm Durchmesser, ferner die Innenhärtung kleiner Bohrungen, für die wirtschaftlich arbeitende Pilzbrenner nicht mehr gebaut werden können. Hierbei wird so vorgegangen, daß der Hohlkörper von außen erwärmt und von innen abgeschreckt wird. Auf diese Weise innengehärtete Haltekappen für Preßluftbrenner haben sich in jahrelangem Versuchsbetrieb einwandfrei bewährt.

Mangan-Silizium-Stähle werden für Bauteile mit größeren Querschnitten, die auf höhere Kernfestigkeit vergütet werden müssen, benutzt. Da sie zu Seigerungen neigen, haben sie sich beim Brennhärten nicht bewährt.

Für Bauteile hoher Beanspruchung bei schwingender und stoßweiser Belastung finden die Stähle der *Gruppe 2* Verwendung. Selbst stärkste Querschnitte können ausreichend hoch vergütet werden. Die erreichbare Oberflächenhärte liegt günstig. Dabei empfiehlt es sich, den Stahl *58 Cr V 4* nur für einfachere Querschnitte vorzusehen und für schwierige Formen bei *50 Cr V 4* zu bleiben, selbst wenn bei einem Kohlenstoffgehalt an der unteren Grenze die erreichbare Oberflächenhärte nicht immer ganz befriedigt.

Die Werkstoffe der Gruppe 3 sind mit Molybdän oder Nickel legiert. *Chrom-Molybdän-Stähle* kommen vornehmlich für Bauteile mit großer Einhärtetiefe z. B. Blechrichtrollen und für im Umlauf zu härtende Zahnräder kleiner Teilung in Frage.

Die *rostfreien Stähle* (Tab. 8, Gruppe 4) ergeben bei wesentlich höheren Härtetemperaturen, als für die bisher beschriebenen Werkstoffe erforderlich, trotz des geringen Kohlenstoffgehaltes, der im allgemeinen 0,25% nicht überschreitet, Härten von 45—52 *RC*. Bei dünnen Querschnitten genügt die Abschreckung mit Preßluft oder Emulsion.

B. Gußwerkstoffe

43. Stahlguß. Die für Brenn- und Induktionshärtung zu empfehlenden Stahlgußqualitäten sind im *Werkstoffblatt 835—61* des VdEh zusammengestellt. Grundsätzlich gilt bezüglich des Härteverhaltens von Stahlguß das gleiche, wie bei den Vergütungsstählen ausgeführt. Es ist jedoch darauf zu achten, daß der *Kohlenstoffgehalt* ausreichend hoch ist. Gleichmäßige Ergebnisse sind nur zu erwarten, wenn die zumeist entkohlte Randschicht durch mechanische Bearbeitung entfernt ist.

Für niedrig beanspruchte Zahnräder, Kranlaufräder, Bremsscheiben, Kettenräder und Kettenglieder wird Stahlguß heute in weitgehendem Umfange brenngehärtet. Für Stahlguß mit erhöhter Einhärtetiefe wird *GS 46 Mn 4* oder *GS 42 Cr Mo 4* empfohlen. Insbesondere für Kranlaufräder, die im Umlaufverfahren auf große Tiefe eingehärtet werden sollen, empfiehlt sich die Verwendung von *GS 50 Cr Mo 4* mit Abschreckung in Öl.

44. Grauguß. Für die Härtbarkeit des Graugusses ist neben der Analyse die Kohlenstoffverteilung im Werkstoff von großer Bedeutung. Ein Teil (0,5···0,8%) des Gesamtkohlenstoffgehaltes, der 3% nicht wesentlich übersteigen soll, muß in gebundener Form und der Graphit in gleichmäßig feinverteilter Form vorliegen.

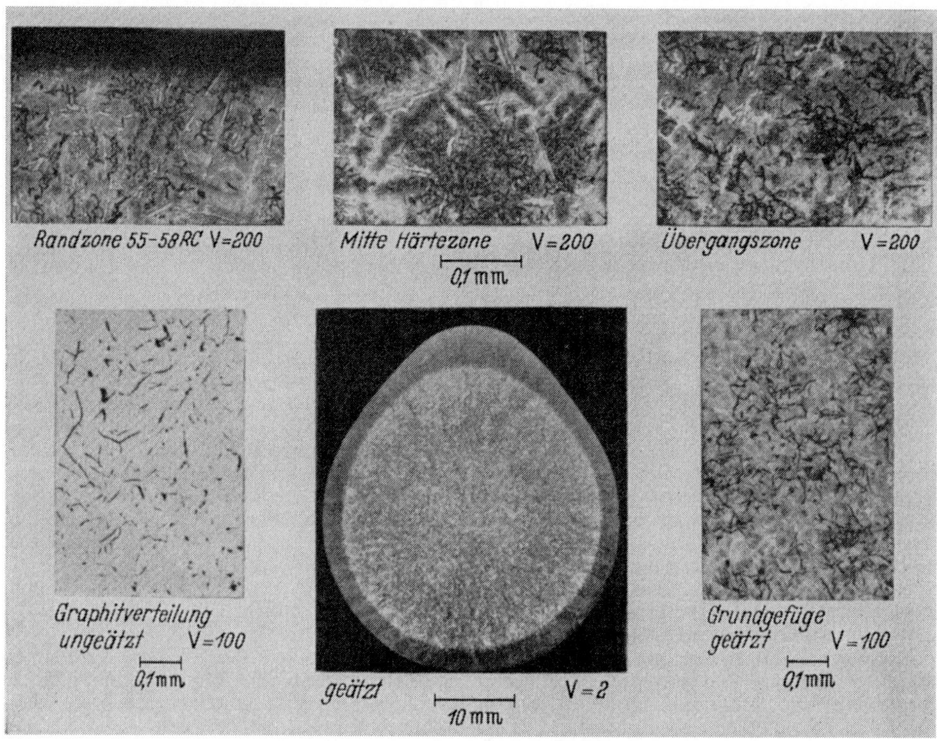

Abb. 37. Schliffbilder einer brenngehärteten Nockenwelle aus chromlegiertem Guß
(C = 3,5%, Si = 2,5%, Mn = 0,8%, P = 0,073%, Cr = 0,85%, Mo = 0,33%)

Eine Graphitverteilung A 5···A 6 nach *Stahleisenprüfblatt 1560-52* bringt die besten Ergebnisse. Bei gröberer Graphitverteilung besteht die Gefahr, daß während des Härte-vorganges Graphit herausbrennt und dann beim nachfolgenden Schleifen Martensitkörner aus der Oberfläche ausgebrochen werden. Wichtig ist ferner, daß der Gehalt an Phosphideutektikum gering ist, da das Phosphideutektikum wenig oberhalb der Härtetemperatur aufschmilzt und so Poren in der gehärteten Oberfläche entstehen.

Ähnlich wie beim Stahl kann durch Zulegieren von Chrom, Molybdän oder Vanadium die Härtbarkeit des Graugusses verbessert werden. Von dieser Möglichkeit wird man aber nur dann Gebrauch machen können, wenn der zu härtende Querschnitt im Vergleich zum Gesamtquerschnitt des Werkstückes groß ist, beispielweise also bei Nokkenwellen (Abb. 37). Bei Werkzeugmaschinenbetten dagegen wird man im allgemeinen versuchen, mit unlegiertem Grauguß auszukommen, da hier der Anteil des zu härtenden Volumens am Gesamtvolumen nur sehr gering ist und deshalb die Mehrkosten nicht gerechtfertigt sind.

Für das Härten der *Werkzeugmaschinenbetten* sind Spezialmaschinen entwickelt worden (Abb. 38), mit denen mehrere Führungsbahnen gleichzeitig gehärtet werden können. Im allgemeinen wird aber empfohlen, die Führungsbahnen einzeln nacheinander zu härten. Das hat den Vorteil, daß für die zu härtenden Profile für jede Teilfläche ein besonderer Brenner benutzt werden kann, so daß die gleichmäßige Erwärmung der zu härtenden Profile erleichtert wird und gleichzeitig die Brenner für die verschiedensten Profile verwendet werden können (Abb. 39).

Das Eintauchen der zu härtenden Betten bis zur Höhe der zu härtenden Führungsbahnen zur Verminderung des Verzuges hat sich als unnötig erwiesen. Der Verzug beträgt im Mittel 0,1···0,15 mm je lfd. m und liegt beim Brenn- und Induktionshärten in der gleichen Größenordnung. Das Schliffbild einer gehärteten Führungsleiste zeigt die Abb. 40. Mit Rücksicht auf den auftretenden Verzug sollte die Härtelänge mit ungefähr 5 m begrenzt werden. Für größere Härtelängen ist es zweckmäßig, entweder die Betten zu teilen oder aber die Führungsbahnen getrennt vom Bett herzustellen.

Abb. 38. Drehbankbetten-Härtemaschine für die gleichzeitige Härtung mehrerer Führungsbahnen

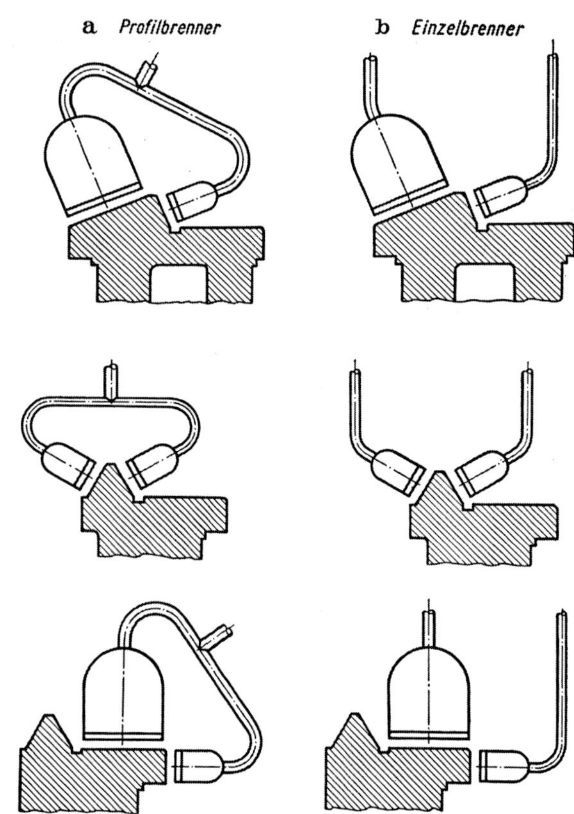

Abb. 39a u. b. Härtung von Führungsbahnprofilen

Beim Bau von Verpackungsmaschinen, Drehautomaten, Drahtverarbeitungsmaschinen u. ä. werden in großem Umfange gußeiserne Steuerkurven mit brenngehärteten Führungsflächen benutzt.

Abb. 40. Schliffbild einer gehärteten Führungsleiste an einem Drehbankbett. Abb. ~½

Vielfach wird Gußeisen gegen Kokille gegossen, um an den Verschleißflächen ein dichteres Gefüge und eine höhere Härte zu erreichen. Sofern die erreichte Härte 220 Brinell überschreitet, ist beim Brennhärten jedoch Vorsicht geboten, da infolge der höheren Eigenspannungen das Auftreten von Härterissen begünstigt wird. Gußeisen mit weiß erstarrtem Randgefüge ist für das Brennhärten ungeeignet, weil es zu Härterissen neigt. Daher ist weder das Nachhärten von im Gebrauch verschlissenen Hartgußwalzen noch das Nachhärten von ungenügend hart gegossenen Walzen möglich.

45. Gußeisen mit Kugelgraphit. Wenn schon eine feine Graphitverteilung die Härtbarkeit des Gußeisens verbessert, so muß ein Gußeisen mit Kugelgraphit besonders günstige Voraussetzungen für das Brennhärten mitbringen. Es ist bekannt, daß durch eine geeignete Glühbehandlung ein rein ferritisches oder ein ein perlitisches Grundgefüge erzielbar ist. Man kann daher Werkstücke aus Kugelgraphitguß

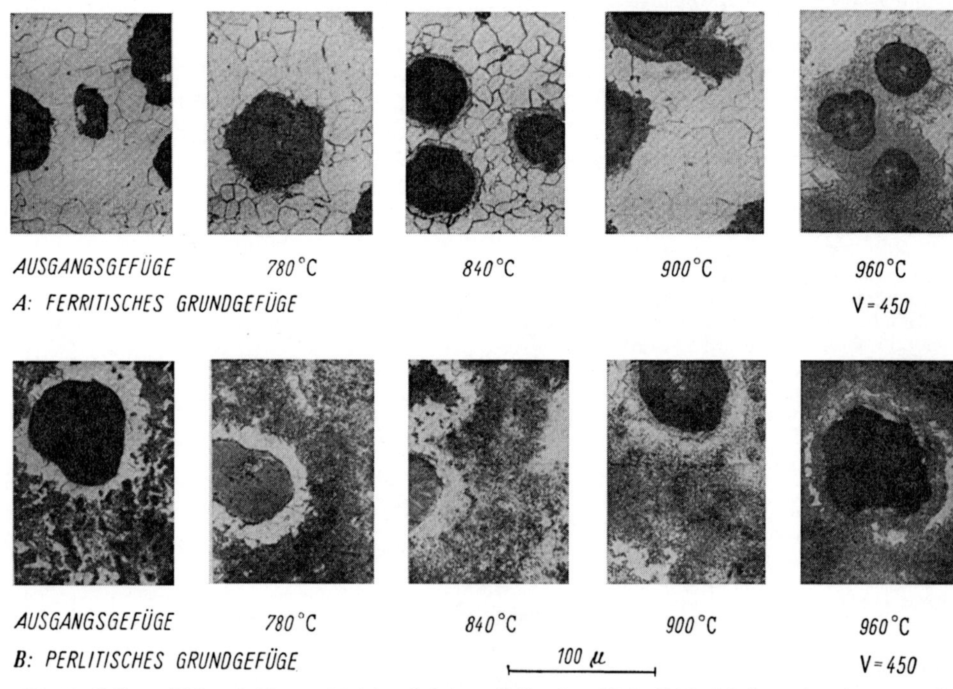

Abb. 41. Gefügeausbildung bei brenngehärtetem Gußeisen mit Kugelgraphit in Abhängigkeit von dem Ausgangsgefüge und der Härtetemperatur

vorher auf ferritisches Grundgefüge glühen, um eine möglichst gute Bearbeitbarkeit zu erzielen, und hernach auf perlitisches Grundgefüge umglühen, um eine gute Härtbarkeit zu erlangen. Darüber hinaus ist es auch möglich, durch überhöhte Härtetemperatur während des Brennhärtevorganges den Ferrit aus den Sphäroliten aufzukohlen, um so eine immerhin noch beachtliche Härtesteigerung zu erzielen (Abb. 41 u. 42).

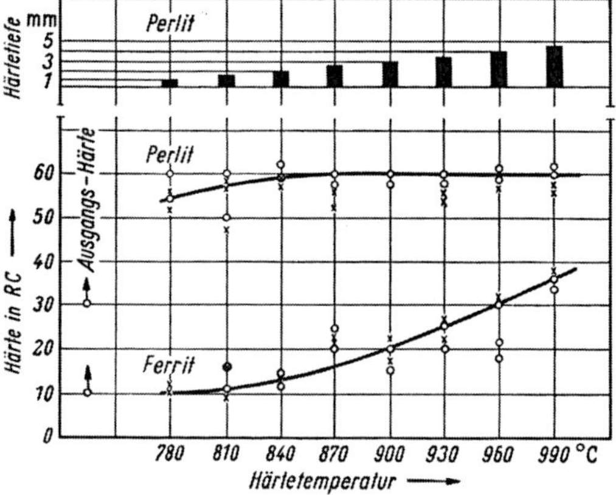

Abb. 42. Einfluß der Härtetemperatur und des Ausgangsgefüges auf die erreichbare Oberflächenhärte und Einhärtetiefe bei Gußeisen mit Kugelgraphit

46. Temperguß. Der weiße oder deutsche Temperguß hat im allgemeinnn eine randentkohlte Zone, die selbstverständlich vor dem Brennhärten entfernt werden muß. Bei rein perlitischem Grundgefüge ergibt sich eine Oberflächenhärte von 58 bis 60 *RC*.

Durch eine Glühung bei 750° mit nachfolgender Abkühlung im Ofen um 5° je Stunde bis auf 680° und anschließender Abkühlung an Luft kann der Zementit kugelig eingeformt werden. Auf die Härteannahme des weißen Tempergußes ist diese Glühbehandlung ohne Einfluß. Über das Verhalten des schwarzen oder amerikanischen Tempergusses liegen eingehende Untersuchungen vor. Durch Steigerung der *Härtetemperatur* kann eine weitgehende Auflösung der Temperkohle im Eisen erzwungen werden, so daß nicht nur rein martensitische, sondern auch zementitische Härteschichten entstehen, die sich als besonders anlaßbeständig erwiesen haben (Abb. 43).

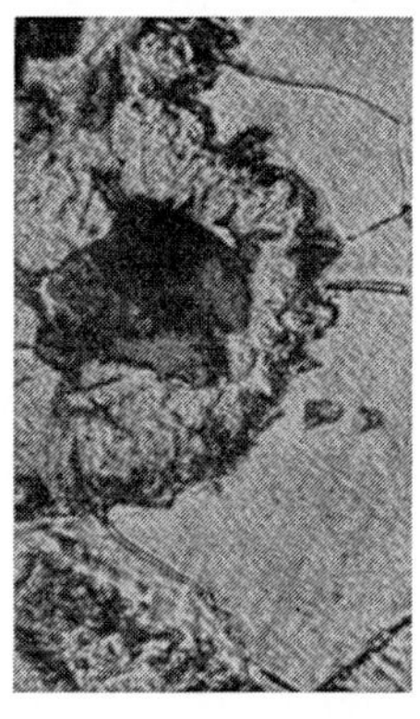
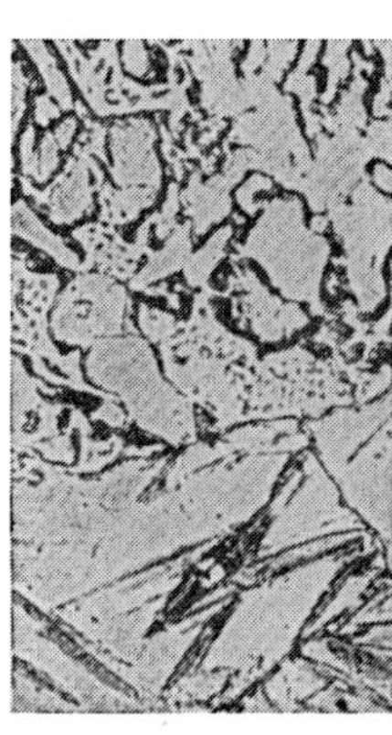

a) Um die Temperkohlenester herum hat eine starke Aufkohlung stattgefunden, so daß sich bei der Abkühlung ein Martensitkranz um die Temperkohle gebildet hat. Das noch kaum beeinflußte ferritische Grundgefüge ist deutlich erkennbar. Härtetemperatur 800 °C.

b) Bei Erhitzung auf 1100 °C wird die Temperkohle fast vollständig aufgelöst. Neben ledeburitischen Mischkristallen ist grobnadeliger Martensit aufgetreten. Dieses Härtegefüge zeichnet sich durch große Anlaßbeständigkeit aus

Abb. 43a u. b. Gefügeausbildung bei brenngehärtetem schwarzem Temperguß (Ausschnitt)

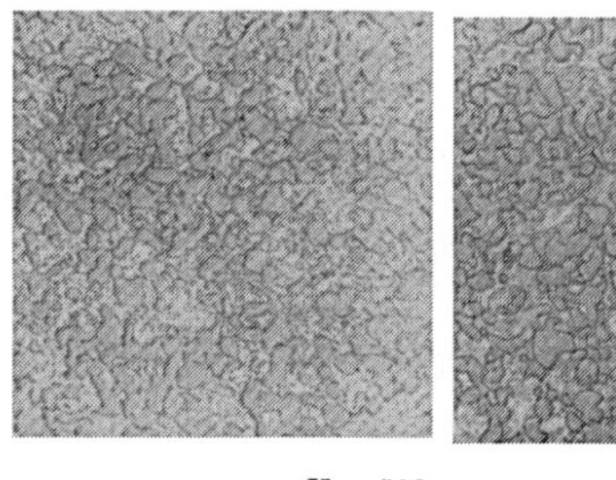

Abb. 44

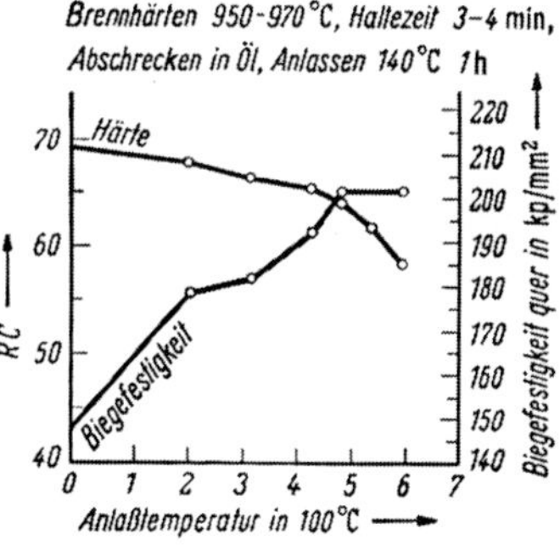

Abb. 45

Abb. 44 und 45. Härtbares Hartmetall „Ferrocast TIC"; mechanische Eigenschaften und Gefügeausbildung vor und nach dem Brennhärten

47. Sonderwerkstoffe. Brenngehärtete *rostfreie Stähle* können gleichzeitig auf Verschleiß und Korrosion beansprucht werden (vgl. Abschn. 42). Sie werden sowohl für die Turbinenschaufeln der Niederdruckstufe, als auch für Heißdampfventile mit gutem Erfolg benutzt.

Schnitt- und Umformwerkzeuge werden häufig mit *Hartmetall* gepanzert, um größte Verschleißfestigkeit zu erzielen. Diese Panzerung ist bislang sehr teuer, da die aufgeschweißten Hartmetalle selbst durch Schleifen nur schlecht bearbeitbar sind. Hier kann ein neu entwickeltes Hartmetall „Ferrocast TIC" gute Dienste leisten.

Das in Form von Rundstäben oder Profilen lieferbare Hartmetall ist im Anlieferungszustand mechanisch einwandfrei bearbeitbar und kann nach Anpassung auf die Verschleißflächen aufgelötet und durch Brennhärten auf 68—70 *RC* gehärtet werden (Abb. 44 u. 45).

C. Prüfung des Härteverhaltens. Härtevorschriften und erreichbare Ergebnisse

48. Härtbarkeitsprüfung. Es ist eine bekannte Tatsache, daß das Härteverhalten der Stähle, gekennzeichnet durch die Härteannahme an der Oberfläche und über den Querschnitt, trotz gleicher Analyse sehr starken Streuungen unterliegt. Daher erweist sich die Prüfung des Härteverhaltens als unumgänglich, wenn mit Rücksicht auf die auftretende Beanspruchung nur sehr geringe Toleranzen in der Härte und Einhärtung zulässig sind. Es ist zweckmäßig, die einzelnen Chargen getrennt zu verarbeiten und nach ihrem Härteverhalten die Härtemaßnahmen jeweils für jede Charge neu festzulegen. In der Einzelfertigung sehr wertvoller Werkstücke ist ebenfalls eine vorherige Prüfung des Härteverhaltens notwendig, um Verluste durch Härteausschuß zu vermeiden.

Zur Prüfung des Härteverhaltens hat sich der *Stirnabschreckversuch* nach JOMINY vorzüglich bewährt und inzwischen weitgehend eingeführt. Eine Probe von 25 mm ⌀ und 50, 75 oder 100 mm Länge wird gemäß den Vorschriften des *Stahleisenprüfblattes 1650-50* in einem Ofen auf Härtetemperatur erwärmt und dann unter genau festgelegten Bedingungen vom Stirnende her abgeschreckt. Nachdem an zwei um 180° gegeneinander versetzten Mantellinien je 0,4 mm abgeschliffen sind, werden längs der Mantellinien die Härtekurven aufgenommen. Legt man für die anzustrebende Einhärtetiefe einen bestimmten Härtewert,

Abb. 46. Kombinierter Stirnabschreck- und Vielhärteprüfer mit Umlauferwärmung

beispielsweise 50 *RC*, zu Grunde, so ergibt der Abstand Δ dieser Härte vom abgeschreckten Stirnende einen Maßstab für die Härtbarkeit. Im allgemeinen kann man beim Brennhärten annehmen, daß mindestens 50% dieses Abstandes als Einhärtetiefe am fertigen Bauteil erreicht werden kann.

Der Stirnabschreckversuch ermöglicht die Ermittlung der günstigsten Härtetemperatur und die Festlegung der Emulsionskonzentration. Die nach *1650-50* vorgeschriebene langzeitige Erwärmung kann zur Abkürzung der Prüfzeiten ohne Schaden für die Genauigkeit des Ergebnisses durch eine Umlauferwärmung mit Brennern ersetzt werden (Abb. 46). Das Gerät ermöglicht auch die Durchführung von Vielhärtbarkeitsproben zur Ermittlung der Rißanfälligkeit des Werkstoffes im vorliegenden Gefügezustand und in Abhängigkeit vom Abschreckmittel.

Es ist immerhin wesentlich billiger, an einer einfach herzustellenden Probe im voraus die Härtebedingungen festzulegen, als Verluste durch Härteausschuß in Kauf zu nehmen.

49. Härte- und Härteprüfung. Die vom Kohlenstoffgehalt abhängige Kernfestigkeit und Oberflächenhärte ist für die Kohlenstoffstähle in dem Schaubild Abb. 35 (S. 31) angegeben. Eine ausreichend verschleißfeste Oberflächenhärte von mindestens 55 *RC* wird bereits bei einem Kohlenstoffgehalt von 0,45% erreicht. Die übrigen Legierungselemente, wie Mangan, Chrom, Nickel usw. haben auf die erreichbare Oberflächenhärte kaum Einfluß, sie erhöhen nur die erreichbare Härtetiefe.

Mit wachsendem Kohlenstoffgehalt steigt die Oberflächenhärte bis auf etwa 68 Rockwell C. Zwischen 0,6 und 0,7% C-Gehalt wird beim Brennhärten bereits die höchste Härte erreicht, bei weiter steigendem C-Gehalt nimmt die Härte nicht mehr zu. Wichtig ist für den Betrieb eine genaue Überwachung der Härte, gibt sie doch schnell und unmittelbar Auskunft, ob der gewünschte Erfolg sich eingestellt hat. Man prüft die Härte zweckmäßig mit einem *Rockwellprüfer*, mit dem sich, besonders wenn er mit Einspannung des Prüflings arbeitet, die Oberflächenhärte schnell und sicher messen läßt. Da für geringste Härtetiefen und dünne Werkstücke die Vickersprobe Vorteile hat, sollte das Prüfgerät auch die Möglichkeit zu diesen Prüfungen bieten. Eine der Brinellprobe angepaßte Prüfung der Festigkeit mit einer Stahl- oder Hartmetallkugel ist bei den meisten Prüfgeräten dieser Art ebenfalls vorgesehen, so daß diese Geräte allen berechtigten Ansprüchen genügen. Zur Erleichterung der Prüfung sind für Kurbelwellen, Innenflächen von Zylindern, Kugelzapfen und ähnliche Kurvengebilde Sonderaufnahmen handelsüblich, deren weitgehende Anwendung empfohlen werden kann.

Sperrige Werkstücke, große Abmessungen und Gewichte bereiten der Prüfung unter dem Rockwellgerät Schwierigkeiten. Hier hat sich der *Shore-Härteprüfer*, vor allem aber auch der *Sklerograph*, gut bewährt, sofern die Masse des Prüflings hinreichend groß ist.

50. Notwendige Härtetiefe. Die zweckmäßigste Härtetiefe hängt ab von der auftretenden Beanspruchung und dem vorliegenden Durchmesser des Werkstückes. In den meisten Fällen findet der Verschleiß an Stellen eines Kraftüberganges von einem zum anderen Bauteil statt. Je größer die zu übertragenden Kräfte, um so stärker muß der weiche, zähe Kern im Verhältnis zum Gesamtquerschnitt bleiben. Im modernen Präzisionsmaschinenbau genügt oft schon ein Verschleiß von wenigen zehntel Millimetern, um ein Maschinenelement unbrauchbar zu machen. Die Härtetiefe kann hier also verhältnismäßig gering sein. Andererseits zeigen eingehende Untersuchungen an Probstäben von 20 mm Durchmesser, daß bei zusätzlichen Beanspruchungen die günstigste Dauerfestigkeit erreicht wird, wenn die Härteschicht 10% des Durchmessers beträgt. Im allgemeinen wird man mit Härtetiefen von 5···10% des Durchmessers auskommen.

Wesentlich andere Verhältnisse liegen bei reinen *Verschleißwerkzeugen* vor, bei denen die auftretenden Kräfte durch das Maschinengehäuse aufgenommen werden. Schwalbungen von Brikettpressen, Panzerungen, Mahlplatten und Schläger von Zerkleinerungsmaschinen, Kettenräder, Leiträder und Rollen von Gleiskettenfahrzeugen usw. sollen möglichst lange dem ständigen Verschleißangriff Widerstand leisten. Härtetiefen von 30···50% der Wandstärke, mithin sehr starke Härteschichten, sind bei solchen Bauteilen erwüsncht.

Während die *Oberflächenhärte* nur vom Kohlenstoffgehalt des Werkstoffes abhängig ist (Abb. 35) und bei fehlerfreiem Brennhärten von den Verfahrensbedingungen nicht beeinflußt wird, kann die *Härtetiefe* sowohl von seiten des Werkstoffes als auch des Härteverfahrens her verändert werden. Bei einem Vergleich der verschiedenen Härteverfahren wird daher dasjenige am günstigsten abschneiden, das mit einfachsten Hilfsmitteln einen sehr weiten Bereich der Härtetiefe zu erfassen gestattet.

51. Einflüsse des Werkstoffes auf die Härtetiefe. Die erreichbare Härtetiefe wird werkstoffmäßig bedingt durch das Härteverhalten des Stahles bei den gegebenen Abmessungen des Werkstückes.

KUBASTA[1] wies nach, daß der kritische Durchmesser, bei welchem bei richtig gewählter Härtetemperatur und günstigsten konstanten Abschreckbedingungen ein gegebener Stahl gerade noch eben durchhärtet, d. h. im Mittelpunkt noch 95% der Randhärte aufweist, das arteigene Härteverhalten des Werkstoffes zutreffend kennzeichnet und daß die Größe desselben durch nachträgliche Wärmebehandlung nicht zu verändern ist. Mit Hilfe einfachster Formeln und Tabellen kann aus diesen Angaben die bei anderen Querschnitten auftretende Härtetiefe errechnet werden. Wenn die zu härtenden Abmessungen des Werkstückes unter dem kritischen Durchmesser liegen, besteht hohe Gefahr, daß Härterisse auftreten. Andererseits darf der Durchmesser des zu härtenden Werkstückes höchstens 5···6 mal so groß sein wie der kritische Durchmesser, da sonst eine ungenügende Härteannahme und Weichfleckigkeit zu beobachten ist und Kernrisse auftreten können. Der kritische Durchmesser bzw. die daraus durch Hinzufügen der Härtetemperatur und des Abschreckmittels von KUBASTA gebildete Wandlungskennzahl gibt also ein zutreffendes Bild über die Verwendungsmöglichkeit eines Werkstoffes, der der Abschreckhärtung aus dem Ofen unterzogen werden soll.

Da das Brennhärten ein dem Abschreckhärten verwandtes Verfahren ist, bei dem allerdings infolge des Wärmestaues die Erwärmung auf eine dünne Randzone beschränkt wird, stand zu erwarten, daß der kritische Durchmesser auch für das Brennhärten eine zutreffende Voraussage über die erreichbare Härtetiefe ermöglichen muß. Bei konstanten Verfahrensbedingungen wurden drei Werkstoffe mit unterschiedlichen kritischen Durchmessern in Abmessungen von 20···100 mm rund gehärtet und metallographisch auf ihre Einhärtetiefe untersucht. Das Ergebnis ist in Abb. 47 wiedergegeben und zeigt, daß die Härtetiefe mit wachsendem kritischem Durchmesser stetig ansteigt, trotzdem alle verfahrensmäßigen Bedingungen, Brennerleistung, Härtezeit und Härtetemperatur, konstant gehalten wurden. Der Einfluß des kritischen Durchmessers ist daher groß und verdient beachtet zu werden.

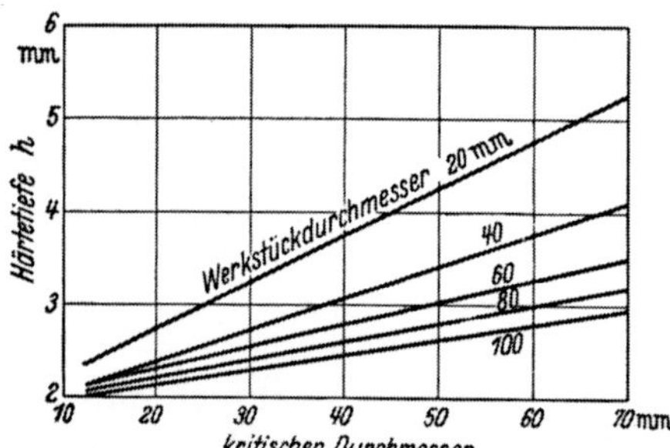

Abb. 47. Einfluß des kritischen Durchmessers auf die Härtetiefe bei gleichbleibenden Brennhärtebedingungen, abhängig vom Werkstückdurchmesser. Umlaufhärtung. Mittlere Ausströmgeschwindigkeit 125 m/sek., Härtetemperatur 750 °C. Analyse: C = 0,9···1,0%, Mn = 0,16···1,94%, Si = 0,09···0,33%, Cr = 0,18···1,18%

Die Abbildung läßt gleichzeitig erkennen, daß ähnlich wie bei der Ofenhärtung mit wachsenden Werkstückabmessungen die Härtetiefe abnimmt und daß unabhängig vom Härteverhalten und Durchmesser beim Brennhärten stets eine Härtetiefe von rd. 2 mm erreicht werden kann.

52. Einfluß des Härteverfahrens auf die Härtetiefe. a) Härtetemperatur. Mit steigender Härtetemperatur, hervorgerufen durch Verlängerung der Anwärmzeit oder Verringerung der Vorschubgeschwindigkeit, steigt die Härtetiefe schnell an. Dadurch wird aber gleichzeitig der Stahl in zunehmendem Maße überhitzt und

---

[1] KUBASTA: Das Härteverhalten der Edelstähle, 2. Aufl., Halle: Knapp 1949.

die Härteschicht grobkörnig und spröde, so daß man von dieser Möglichkeit nur in Verbindung mit einem geeigneten Werkstoff Gebrauch machen kann. So ist z. B. der *RBH*-Stahl für begrenzte Einhärtung so legiert, daß er mit möglichst niedriger Temperatur gehärtet werden kann. Für große Härtetiefen dagegen müssen legierte Stähle mit entsprechend hoher Härtetemperatur und geringer Überhitzungsempfindlichkeit Verwendung finden.

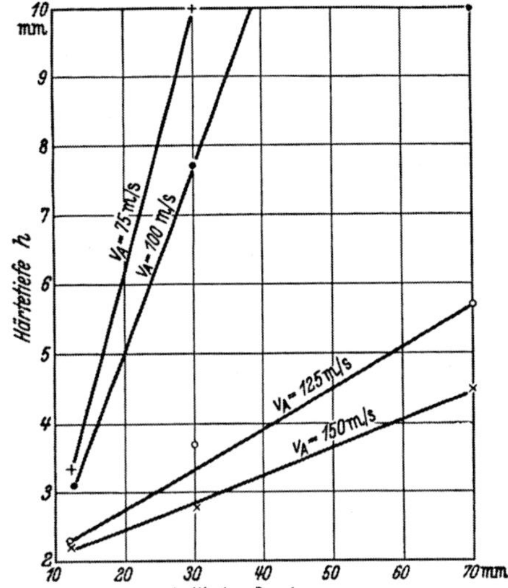

Abb. 48. Werkstückdurchmesser 20 mm

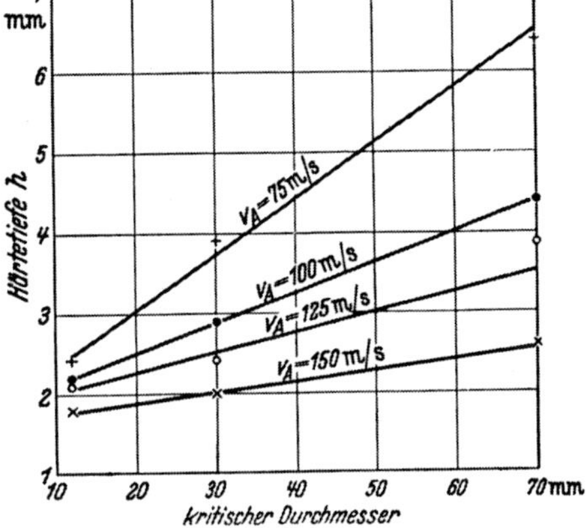

Abb. 49. Werkstückdurchmesser 60 mm

Abb. 48 und 49. Einfluß der Brennerleistung auf die Härtetiefe, abhängig vom kritischen Durchmesser Härtetemperatur 750 °C, v_A Ausströmungsgeschwindigkeit

b) Brennerleistung. Bei konstanter, dem Werkstoff richtig angepaßter Härtetemperatur kann die Härtetiefe durch Veränderung der Brennerleistung beeinflußt werden: entweder bei konstanter Brennerbauform durch Verändern der Ausströmungsgeschwindigkeit des Gas-Sauerstoff-Gemisches oder bei konstanter, günstigster Ausströmgeschwindigkeit durch Änderung der Austrittsquerschnitte des Brenners. Abb. 48 und 49 zeigen in Abhängigkeit vom kritischen Durchmesser die Vergrößerung der Härtetiefe durch Verminderung der Ausströmgeschwindigkeit für 20 und für 60 mm Durchmesser.

Die Verhältnisse beim Vorschubverfahren legt Abb. 50 klar. Wird die Vorschubgeschwindigkeit proportional der Ausströmgeschwindigkeit gesteigert, so bleibt die Härtetiefe praktisch konstant, weil die Härtetemperatur konstant bleibt. Verringert man dagegen bei konstanter Ausströmgeschwindigkeit den Vorschub, so steigt die Härtetemperatur und die Härtetiefe nimmt zu. Bei einer Vorschubgeschwindigkeit von 115 mm/min beginnt die Überhitzung. Bei 90 mm/min hat diese schon 1 mm Tiefe erreicht. Eine weitere Verminderung des Vorschubes würde zur Anschmelzung der Werkstückoberfläche führen.

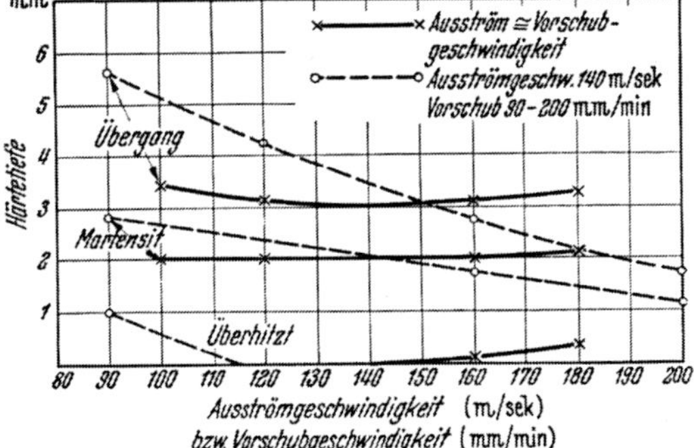

Abb. 50. Vorschubverfahren. Ausgezogene Linie: Vorschubgeschwindigkeit proportional der Ausströmgeschwindigkeit; gestrichelte Linie: Ausströmgeschwindigkeit gleichbleibend 140 m/sek, Vorschubgeschwindigkeit verändert von 90···200 mm/min

Soll bei gegebener Härtetemperatur die Härtetiefe verringert werden, so muß man den Anschlußwert des Brenners steigern. Damit steigt aber der spezifische Energieverbrauch, wie Abb. 51 für die Vorschubhärtung zeigt, ganz erheblich an. Um 1 cm³ Härtevolumen bei 1 mm Härtetiefe herzustellen, muß 1,5···1,7 mal mehr Energie aufgewandt werden als für das gleiche Volumen bei 2 mm Härtetiefe. Die Vergrößerung des Anschlußwertes ist bei Schlitzbrennern nur bis zu 2 Nm³ je Stunde und cm Brennerbreite möglich. Darüber hinaus müssen Siebbrenner Verwendung finden. Die Abbildung zeigt durch die Steigung der Kurven deutlich, daß die Schlitzbrenner wesentlich wirtschaftlicher arbeiten als Siebbrenner und daß es unwirtschaftlich ist, den Anschlußwert der Brenner zu übersteigern.

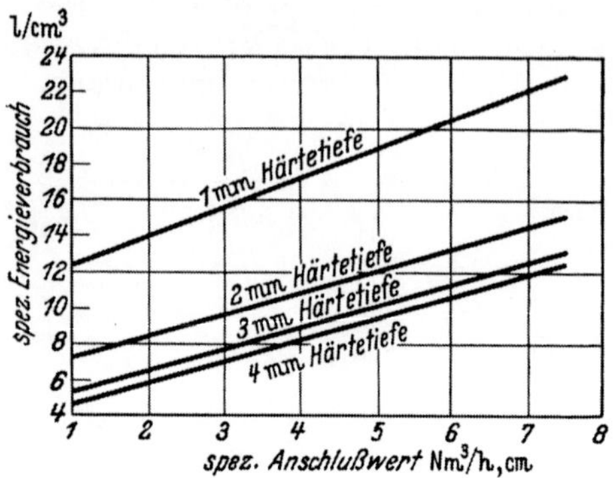

Abb. 51. Spezifischer Energieverbrauch, abhängig von Härtetiefe und Anschlußwert

c) Ausgleichszeit. Bedeutsam ist ferner die Zeit zwischen Ende der Erhitzung und Beginn der Abkühlung, die Ausgleichszeit. In dieser kann sich die zugeführte Wärme ausgleichen, die am Rande vielleicht vorhandene Überhitzung geht zurück und dafür wird auf größere Tiefe Härtetemperatur erreicht. Beim *Mantelverfahren* kann diese Ausgleichszeit durch die Geschwindigkeit des Schwenkvorganges leicht geregelt werden. Je geringer die erstrebte Härtetiefe, um so schneller muß die Abschreckung der Erhitzung folgen und umgekehrt.

Beim *Linienverfahren* kann die Ausgleichszeit nur durch Veränderung des Abstandes zwischen Brenner und Brause geregelt werden. Wenn Werkstücke mit unterschiedlichen Härtetiefen mit ein und demselben Brenner gehärtet werden sollen, muß der Abstand durch eine Vorrichtung verstellbar sein. Sofern der Wasserstrahl, wie meist üblich, nicht senkrecht, sondern etwas geneigt auf die erhitzte Oberfläche auftrifft, kann durch Höhersetzen der Brause der gleiche Zweck erreicht werden.

Der Verstärkung der Härteschicht durch die Ausgleichszeit sind natürlich Grenzen gesetzt, da die Temperatur infolge der verhältnismäßig dünnen erwärmten Schicht in kurzer Zeit unter den oberen Umwandlungspunkt absinkt und dann keine Härteannahme mehr möglich ist. Die Ausgleichszeit beträgt deshalb längstens wenige Sekunden. Mit steigender Brennerleistung wird durch Verlängerung der Ausgleichszeit eine größere, durch Verkürzung eine geringere Härtetiefe innerhalb der durch die Eigenschaften des Stahles gezogenen Grenzen erzeugt.

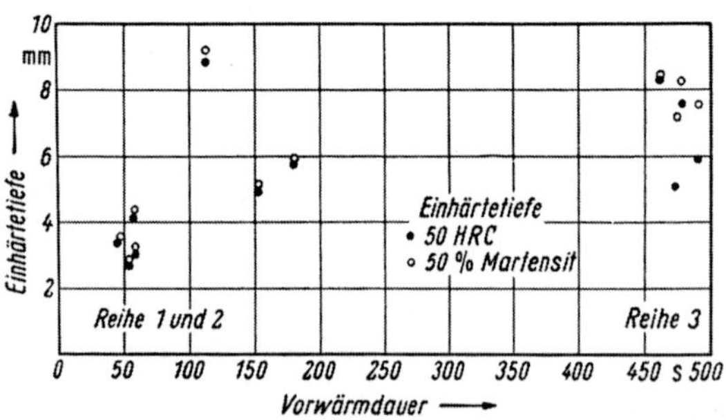

Abb. 52. Einfluß der Vorwärmdauer auf die Einhärtetiefe bei GS 42 CrMo 4

d) Vorwärmen. Zur Vergrößerung der Einhärtetiefe kann bei der Linienhärtung mit Vorwärmung gearbeitet werden. Diese Vorwärmung kann entweder im Ofen erfolgen, wobei Vorwärmtemperaturen bis 500° C zweckmäßig sind, oder aber mit Hilfe von Brennern. Im einfachsten Falle führt man den Härtebrenner zunächst rückwärts oder abwärts über die zu härtende Fläche, bevor man mit dem Härtevorgang beginnt. Man kann aber auch dem Härtebrenner einen oder mehrere Vorwärmbrenner voranlaufen lassen, wobei es unter Umständen zweckmäßig ist, den Vorwärmbrenner in Vorschubrichtung eine Pendelbewegung ausführen zu lassen. Bei dieser Arbeitsweise kann die Vorwärmtemperatur wesentlich höher gewählt werden und unter Umständen sogar die Härtetemperatur überschreiten. Ein Beispiel zeigt Abb. 52.

e) Arbeitsmethoden. Aus dem Vorstehenden ergibt sich, daß die erreichbare größte Härtetiefe beim Mantelverfahren größer ist als beim Linienverfahren, da Erhitzungsgeschwindigkeit, Ausgleichszeit und Abkühlgeschwindigkeit sich hier am einfachsten in weitesten Grenzen ändern lassen.

53. Erreichbare Härtetiefen. Die vorstehenden Untersuchungen zeigen, daß die erreichbare Härtetiefe abhängig ist vom kritischen Durchmesser des Werkstoffes, den zu härtenden Abmessungen und den Verfahrensbedingungen. In Tab. 8 sind für die verschiedenen Werkstoffe die unter üblichen Verfahrensbedingungen erzielbaren Härtetiefen angegeben. Zu beachten ist dabei aber, daß die Wandstärke mindestens 3···4 mal so groß sein muß wie die gewünschte Härtetiefe. Daraus ergibt sich der kleinste zu härtende Durchmesser etwa zu 15···20 mm. Für geringe Härtetiefen und kleinere Durchmesser müssen daher Sonderstähle (*RBH*) Verwendung finden. Unlegierte Stähle ergeben eine größte Einhärtetiefe von etwa 4 mm. Für größere Härtetiefen sind legierte Stähle vorzusehen. Mit steigendem Legierungsgehalt kann die Härtetiefe nach Bedarf vergrößert werden. Wichtig ist dabei, daß die Vergrößerung der Härtetiefe eine nur unwesentliche Verlängerung der Arbeitszeiten bedingt, im Gegensatz zur Einsatzhärtung.

IV. Praktische Durchführung des Brennhärtens

A. Gestaltung der Werkstücke

54. Zeichnungsangaben. Auch das Brennhärten erfordert sorgfältige Arbeitsvorbereitung, schon im Konstruktionsbüro. Der Konstrukteur muß sich mit dem Härteverfahren, seinen Eigenschaften und Möglichkeiten vertraut machen, damit die Zeichnungsangaben klar verständlich und zweckmäßig sind. Darüber hinaus empfiehlt es sich, daß er mit dem Härter Rücksprache nimmt, um auch dessen Erfahrungen bei der Konstruktion brennzuhärtender Teile auszunutzen. Eindeutige Zeichnungsangaben erleichtern die Verständigung zwischen Konstrukteur und Härterei, schalten Mißverständnisse und damit Fehlhärtungen und Ausschuß aus. Da diesbezügliche Normen noch nicht bestehen, wird folgendes vorgeschlagen:

a) Härtebild. Jede Zeichnung eines zu härtenden Bauteiles erhält links unten, erforderlichenfalls in verkleinertem Maßstab und in mehreren Ansichten, ein Härtebild. Darin sind die für die Wärmebehandlung unwichtigen Einzelheiten wegzulassen, dagegen müssen Ausrundungen, Radien, Bohrungen usw., soweit für das Härten wichtig, angegeben sein. Da das Härtebild ein Bestandteil der Fertigteilzeichnung ist, beziehen sich seine Angaben auf den Endzustand des Werkstückes.

b) Kennzeichnung der verlangten Oberflächenhärte. Auf Grund des vorgeschriebenen Werkstoffes ist nur eine bestimmte Oberflächenhärte erreichbar (s. Abschn. 42). Die verlangte Oberflächenhärte ist stets mit einer ausreichenden Toleranz anzugeben, z. B. 58 ± 2 *RC* oder „mindestens 58 *RC*". Der Ort der Härteprüfung wird durch Pfeil gekennzeichnet. Die Härte ist in der Einheit des gewünschten Meßverfahrens anzugeben, für Brennhärten meist Rockwell C.

c) Einhärtetiefe. Über die Definition der Einhärtetiefe besteht noch keine Übereinstimmung. Gekennzeichnet ist

1. nach *Werkstoffblatt 830 ⸱⸱⸱ 55* des VDEh die Einhärtetiefe als die Tiefe der Randschicht eines gehärteten Werkstückes, bis zu der eine bestimmte Härte noch vorhanden ist. Diese Mindesthärte beträgt:

$$\text{für Stähle mit C} > 0{,}42\% = 50 \; RC,$$
$$\text{für Stähle mit C} < 0{,}41\% = 45 \; RC.$$

Im Schrifttum werden häufig andere Definitionen gebraucht und zwar:

2. Härtetiefe ist diejenige, in der noch ein bestimmter Prozentsatz der Randhärte bzw. des Sollwertes der Härte, zumeist 95 oder 85%, vorhanden ist.

3. Härtetiefe ist diejenige, in der das Gefüge noch 50% Martensit enthält.

Die Definition 1 begünstigt die hochkohlenstoffhaltigen Werkstoffe, die Definition 3 erfordert die Anfertigung von metallographischen Schliffen oder eine genaue Analyse des Kohlenstoffgehaltes, so daß der Verfasser der Definition unter 2 den Vorzug gibt, wobei beim Brennhärten ein Wert von 90% der Randhärte in den meisten Fällen den Betriebsbeanspruchungen am nächsten kommt.

Die Einhärtungstiefe ist so anzugeben, daß für ihre Herstellung eine Plus-Toleranz von 50% der Solltiefe ausgenutzt werden kann, d. h. also:

$$1{,}5 \text{ mm Solltiefe} + 0{,}75 \text{ mm Toleranz} = 2{,}25 \text{ mm theoretische Ein-}$$
härtetiefe nach dem Härten.

Da hiervon das Schleifmaß abgeht, ist die tatsächliche Toleranz wesentlich geringer.

Die Prüfung der Einhärtetiefe kann nur am geschliffenen Bruch erfolgen. Versuche zur zerstörungsfreien Prüfung laufen, haben jedoch bislang noch kein in jedem Falle zuverlässiges Ergebnis erbracht.

55. Bearbeitungszugaben. Der Konstrukteur muß weiterhin eine ausreichende Zugabe für spanabhebende Bearbeitung vorsehen. Durch das Walzen und Schmieden wird die Oberfläche beträchtlich entkohlt. Die Bearbeitungszugabe sollte daher wenigstens 2⸱⸱⸱3 mm betragen, damit der völlig gesunde, gleichmäßige Werkstoff an die Oberfläche kommt. Da auch bei blankgezogenem Material derartige Randentkohlung bis zu etwa 0,5 mm Tiefe festzustellen ist, muß hier entweder die verlangte Mindesthärte ermäßigt werden oder aber eine mechanische Bearbeitung stattfinden, weil sonst die dem Werkstoff zugehörige Oberflächenhärte nicht einwandfrei erreicht werden kann.

Die Schleifzugaben können allgemein wesentlich geringer gehalten werden als bei der Einsatzhärtung. Man braucht deshalb mit Rücksicht auf den Verzug die Härtetiefe nicht unnötig groß zu wählen. Im allgemeinen kommt man mit einem Schleifmaß von höchstens 0,5 mm durchaus zurecht, in vielen Fällen kann dieses Maß auf 0,1 mm ermäßigt werden. Ein Herausschleifen der Härteschicht ist, im Gegensatz zur Einsatzhärtung, nicht zu befürchten, da die übliche Härtetiefe stets größer als der auftretende Verzug ist.

56. Lagerspiel. Auf genügend großes Lagerspiel ist zu achten, wenn die Brennhärteschicht sich auch im Dauerbetrieb bewähren soll. Bei Kurbelwellen und Drehbankspindeln mit selbstverständlich engem Lagerspiel unter 0,01 mm wurde gelegentlich eine Zerstörung der Brennhärteschicht beobachtet, weil das Lager infolge ungenügender Schmierung heiß lief. Sofern das Lagerspiel wegen der geforderten Genauigkeit nicht vergrößert werden kann, muß unter allen Umständen für ausreichende und zuverlässige Schmierung gesorgt werden, da nur dann die brenngehärteten Werkstücke allen Anforderungen genügen.

In vielen Fällen soll nach dem Brennhärten nicht mehr geschliffen werden, weil der Verwendungszweck eine solche zusätzliche Bearbeitung nicht rechtfertigt. Bei den bisher benutzten, im Ofen gehärteten Bolzen hat man deshalb ein größeres Lagerspiel, oft bis zu 0,6 mm vorzusehen, um die Bolzen überhaupt verwenden zu können. Hier zeigt nun das Brennhärten deutliche Vorteile. Derartige Werkstücke lassen sich praktisch verzugfrei härten, so daß das Lagerspiel auf 0,1 mm verringert werden kann, wodurch das Eindringen von Verschleißstoffen sehr erschwert wird. Zugleich mit der höheren Härte ist eine beträchtliche Verminderung der Abnutzung die Folge.

57. Zweckmäßige Formgebung. Die bisherigen Ausführungen und die gebrachten Beispiele zeigen den großen Einfluß der Werkstückform auf die grundsätzliche Anwendungsmöglichkeit und die praktische Durchführung des Brennhärtens. Regelmäßige, symmetrische Körper lassen sich am einfachstens brennhärten. Dennoch ist auch bei diesen Voraussetzung, daß der Brenner an die zu härtende Fläche herangeführt werden kann und die Flamme weder auf bereits gehärtete Flächen auftrifft noch durch andere behindert wird.

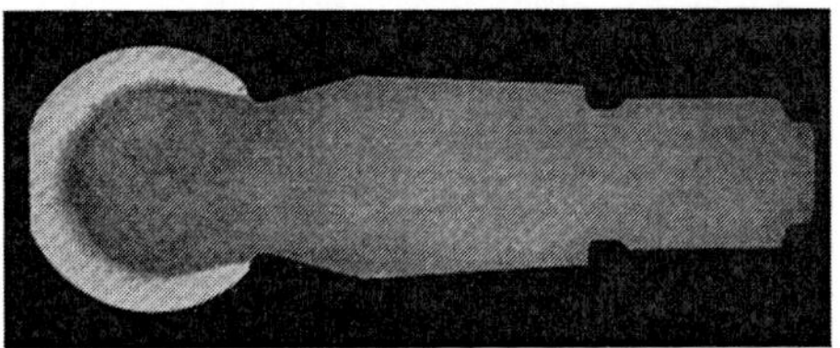

Abb. 53. Schliffbild eines gehärteten Kugelbolzens

Die allseitige Härtung, z. B. eines Brikettstempels ,kann durchgeführt werden, wenn das Werkstück eine geeignete Aufspannung zuläßt. Das Mithärten der Stirnflächen, etwa bei einem Würfelstempel, ist in einem Arbeitsgang, wenn es sich um breitere Flächen handelt, nicht möglich. Wird die Härtung in einem getrennten zweiten Arbeitsgang vorgenommen, so wird dabei die zuerst hergestellte Härteschicht der Seitenflächen ringsherum einige Millimeter breit angelassen.

Die allseitige Härtung einer Kugel ist, da sie sich nicht einspannen läßt, unmöglich. Das Brennhärten der Halbkugeln an Kugelzapfen (Abb. 53) wird mit geraden Brennern radial zur Bolzenachse vorgenommen, damit trotz des unterschiedlichen Durchmessers ein gleichmäßiger Härteverlauf erzielt wird. Halbkugelförmige Lagerschalen, z. B. Kugelpfannen, können, wenn der Durchmesser hinreichend groß ist, mit geeigneten Profilbrennern gehärtet werden. Zweckmäßig werden Siebbrenner benutzt, deren Brennerleistung dem unterschiedlichen Durchmesser besser angepaßt werden kann als bei Schlitzbrennern, deren Leistung über die ganze Brennerbreite praktisch konstant ist.

Ist die zu härtende Fläche nicht rechtwinklig begrenzt, so muß sie entweder durch Beilagen zu Rechtecken ergänzt oder die schräg zur Brennerbahn verlaufende Fläche abgerundet werden, damit die Kante nicht verbrennt.

Beispiele für die richtige und falsche Querschnittsgestaltung zeigt die Abb. 54. Rechteckige Querschnitte A_1 oder trapezförmige A_2 bereiten keine Schwierigkeiten. Ein dreieckiger B_1 ist dagegen ungünstig wegen der ungleichen Materialstärke, die, da die

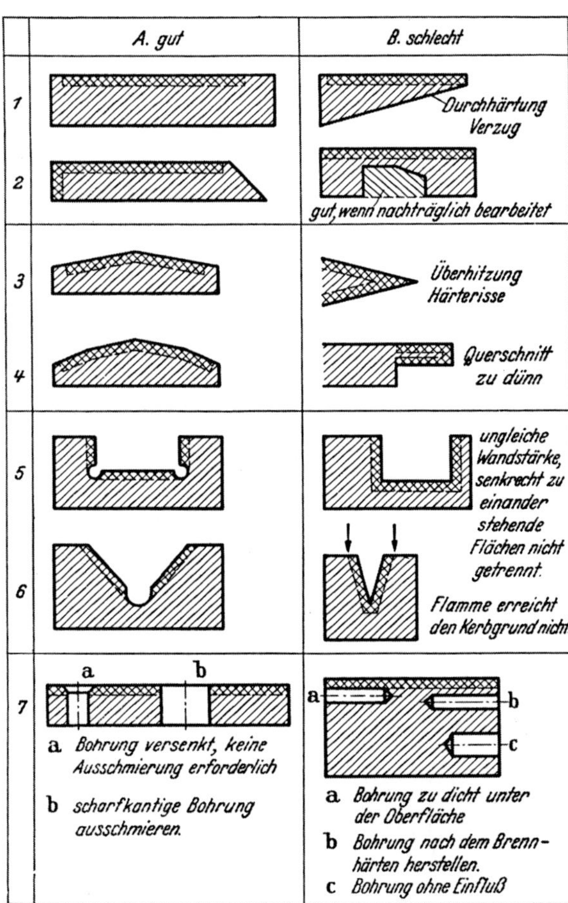

Abb. 54. Beispiele für richtige und falsche Querschnittsgestaltung

Brennerleistung konstant ist, zu ungleicher Einhärtung und damit infolge der Durchhärtung an der Spitze zum Verzug führt. Durch Schrägstellen des Brenners, d. h. Vergrößerung des Brennerabstandes zur Spitze hin kann der ungleiche Materialquerschnitt behelfsmäßig ausgeglichen werden.

Ein ungleichmäßiger Querschnitt B_2 kann durch entsprechende Einschaltung des Brennhärtens in den Arbeitsgang oftmals vermieden werden, indem die Aussparung erst nach dem Brennhärten herausgearbeitet wird. Bei dünnwandigen Bauteilen ist es zweckmäßig, die Bearbeitungszugabe zu vergrößern und zunächst nur die zu härtenden Flächen zu bearbeiten. Beidseitige Härtung muß gleichzeitig durchgeführt werden. Sie ist bei dünnen Querschnitten B_4 wegen der Durchhärtungsgefahr möglichst zu vermeiden. Kann z. B. bei einem Hohlkörper die innere und äußere Fläche nicht gleichzeitig gehärtet werden, so muß eine ausreichende Wandstärke vorgesehen werden, damit die zuerst hergestellte Härteschicht nicht beim zweiten Erhitzen durch die abfließende Wärme angelassen wird.

Stehen die brennzuhärtenden Flächen im stumpfen Winkel zueinander (A_3 und A_4) so lassen sich dafür geeignete Profilbrenner leicht herstellen. Stehen sie im rechten Winkel zueinander (A_5 und A_6), so sind sie durch eine Rille oder Hohlkehle voneinander zu trennen. Notfalls lassen sich dann die Teilflächen auch einzeln brennhärten.

Ein Querschnitt nach B_5 ist einmal wegen der ungleichen Wandstärke schlecht, zum anderen fehlt die Trennung der senkrecht zueinander stehenden Flächen. Der eingetragene Härteverlauf kann nicht erreicht werden.

Ebenso geht es mit einem Querschnitt nach B_6. Die Flamme brennt nicht in den Kerb hinein. Die zurückschlagende Hitze erwärmt den Brenner unzulässig hoch, ohne daß der gewünschte Erfolg erreicht wird. Ist die Nut nicht zu tief, so kann durch langsames Erwärmen der Seitenflächen in Pfeilrichtung nach dem Pendelverfahren eine Durchwärmung bis auf den Grund bewirkt werden.

Bohrungen nach A_7 senkrecht zur Härtebahn werden zweckmäßig versenkt, sonst müssen sie mit Lehm oder Stopfen verschlossen werden. Bohrungen parallel zur Härtebahn B_7 dürfen nicht zu dicht unter derselben liegen, da sie sonst nicht mehr nach dem Brennhärten hergestellt werden können und trotz Ausschmierung mit Lehm eine Durchhärtung die Folge wäre. In den meisten Fällen lassen sich solche Schwierigkeiten durch konstruktive Maßnahmen vermeiden. Der Betrieb wird dem Konstrukteur solche Rücksichtnahme stets danken.

Wie z. B. an scharfen Querschnittsübergängen durch einfache konstruktive Änderungen auftretende Schwierigkeiten zu überwinden sind, zeigen die Schmiernuten an Federbolzen. Sie werden üblicherweise mit halbkreisförmigem Querschnitt in Schlangenform um den Bolzen herumgelegt. Dabei entstehen an den Übergängen zum zylindrischen Teil starke Härtespannungen, die zum Abblättern der Härteschicht führen können. Der Schmiererfolg wird in besserer Weise sichergestellt durch die flache Schmiernut Abb. 55, die einfach herzustellen ist und alle Schwierigkeiten beim Brennhärten ausschaltet. Bohrungen unter 25 mm $\varnothing$ lassen sich kaum brennhärten.

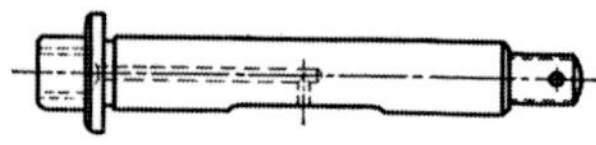

Abb. 55. Zum Brennhärten richtig konstruierter Bolzen mit flacher Schmiernut. Die Längsbohrung wird erst nach dem Härten hergestellt

Schneiden Ölbohrungen die Oberfläche im spitzen Winkel, so ist auf eine besonders sorgfältige, riefenfreie Bearbeitung der Bohrung zu achten, da sonst Abblätterungen die Folge sind.

Sollen brenngehärtete Bauteile mit anderen nachträglich elektrisch oder autogen verschweißt werden, so muß die Brennhärteschicht mindestens 5, zweckmäßig 10 mm von der Schweißnaht entfernt bleiben. Auf eine gehärtete Fläche etwas aufzuschweißen, ist wegen der unvermeidlich auftretenden Spannungsrisse unzulässig. In solchen Fällen müssen Schraub- oder Nietverbindungen vorgesehen werden.

58. Normung. Genaue Kenntnis der Betriebseinrichtungen ist für den Konstrukteur von größter Wichtigkeit. Sie verhindert Terminüberschreitungen und Verärgerungen, da andernfalls die Möglichkeit besteht, daß der Betrieb die vorgesehenen Arbeiten nicht ohne weiteres ausführen kann. Bei neu zu entwickelnden Maschinen ist es zweckmäßig, mit dem Betrieb Rücksprache zu nehmen, welche Neuanschaffungen von Brennern oder Maschinen gegebenenfalls notwendig werden und ob die zu erwartenden Stückzahlen die Beschaffung dieser zusätzlichen Vorrichtungen rechtfertigen. Dies wird in vielen Fällen zutreffen, da alle anderen Härteverfahren entweder überhaupt nicht oder nur mit großen Kosten und Schwierigkeiten für das betreffende Werkstück angewandt werden können.

Normung schafft hier wie anderswo Erleichterung der Arbeit. Mit Rücksicht auf die notwendigen Brenner sollten möglichst nur wenige Bolzenabmessungen und Lagergrößen angewandt werden. Zwischenmaße lassen sich erfahrungsgemäß leicht vermeiden, so daß dadurch die Lagerhaltung an Brennern wesentlich verringert wird.

59. Neue Möglichkeiten bietet das Brennhärten dem Konstrukteur, so z. B. Gleitbahnen durch Schweißen aus Normalprofilen aufzubauen und dadurch bedeutende Werkstoffersparnisse bei gleichem Widerstandsmoment zu erzielen, weil Brennhärten eine praktisch verzugfreie, einwandfreie Härtung ermöglicht.

Da auch Gußwerkstoffe durch Oberflächenhärtung verschleißfest gemacht werden können, hat man schon mit überraschendem Erfolg versucht, schwierige Gesenkschmiedestücke, z. B. Kurbelwellen, durch Gußstücke zu ersetzen. Wenn dabei die Möglichkeiten des Gießverfahrens durch eine werkstoffgerechte Formgebung ausgenutzt werden, kann man sehr beachtliche Ergebnisse erzielen. Vielfach werden schon Hartgußwalzen und andere Hartgußwerkstücke, deren mechanische Bearbeitung hohe Kosten verursacht, durch Stahlwalzen ersetzt, die wesentlich günstigere Festigkeitseigenschaften haben, so z. B. im Bau von Textil-, Papier und sonstigen Kalandern (Abb. 56). Auf die Möglichkeit, besonders große und sperrige Werkstücke härten zu können, wurde bereits mehrfach hingewiesen.

Abb. 56. Umlauf-Vorschubhärtung einer Kalanderwalte

Der Konstrukteur, der sich mit den Möglichkeiten des Brennhärtens eingehend vertraut gemacht hat, wird manche solcher Vorteile finden und sie seinem Betrieb nutzbar machen können.

B. Vor- und Nachbehandlung der Werkstücke

60. Werkstoffprüfung[1]. Das Härten bildet meist den Abschluß teuerer Bearbeitungsgänge, deshalb muß der Betrieb auf seine Durchführung große Sorgfalt legen, um Ausschuß zu vermeiden: Man vergewissert sich vor der Anfertigung des Werkstückes, daß der Werkstoff die für das Brennhärten erforderlichen Eigenschaften hat, man lagert die vorgesehenen Stähle sorgfältig getrennt und prüft sie entweder schon bei der Einlagerung, spätestens aber bei der Verwendung.

a) Festigkeitsprüfung. Am genauesten gibt die Analyse über den Kohlenstoffgehalt als wichtigsten Bestandteil für das Brennhärten Aufschluß, sie ist jedoch zeitraubend und erfordert eingearbeitete Leute. Man kann aber auch aus der Festigkeitsprüfung Rückschlüsse ziehen: Je höher die Festigkeit, desto größer der Kohlenstoffgehalt. Allerdings schwankt die Festigkeit bei ein und demselben Kohlenstoffgehalt, bedingt durch Herstellung und Vorbehandlung, innerhalb bestimmter Grenzen (Abb. 35, S. 31). Wenn eine Mindesthärte nicht unterschritten werden darf, soll man bei der Auswahl des Werkstoffes auf Grund der Festigkeit stets an die obere Grenze gehen, um Fehlergebnisse sicher auszuschließen.

b) Die Funkenprobe ist in der Hand erfahrener Betriebsmänner ein geeignetes Hilfsmittel, schnell eine richtige Einstufung unbekannter Stähle vorzunehmen. Dazu wird man sich zweckmäßig von den meist benutzten Stählen Probestücke bekannter Zusammensetzung als Vergleichsgrundlage beschaffen.

c) Härtbarkeitsprobe. Bekanntlich ist die Analyse kein sicherer Maßstab für das Härteverhalten eines Stahles. Dieses wird am einfachsten durch die Endabschreckungsprobe nach Jominy überprüft (vgl. Abschn. 48, S. 38). Der Verfasser hat ein billiges, zweckmäßiges Gerät (Abb. 46) dafür entwickelt und für alle üblichen Stähle die Normalkurven ermittelt, so daß mit dieser Hilfe bereits vor der Verarbeitung ungeeignete Werkstoffchargen ausgeschieden werden können.

---

[1] Vgl. Werkstattbuch H. 34: Riebensahm-Schmidt, Werkstoffprüfung (Metalle) 5. Aufl. 1958.

61. Vergütung. Unlegierte Stähle braucht man vor dem Brennhärten nicht zu vergüten, wenn das Stahlwerk sie mit hinreichend feinem Korn anliefert. Ist hierfür keine Gewähr gegeben, so vermag eine vorherige Vergütung die Kerneigenschaften wesentlich zu verbessern.

Lange, dünne Wellen werden vor der Bearbeitung normalisiert oder vergütet, nach dem Schruppen und vor der letzten Spanabnahme in einem senkrechten Schachtofen spannungsfrei geglüht, um alle Bearbeitungsspannungen zu entfernen. Sie ermöglichen dann auch bei großen Längen, z. B. Ziehstangen für die Rohrfertigung, eine praktisch verzugfreie Härtung.

Auch *bei verwickelter Gestalt* wird man vor dem Härten zweckmäßig spannungsfrei glühen, wozu bei Kohlenstoffstählen Temperaturen zwischen 500° und 600° erforderlich sind. Dadurch kann die Gefahr von Härterissen und Verzug wesentlich vermindert werden. Die legierten Stähle werden dagegen meist vergütet verwandt, da nur so die Legierungsbestandteile ihren vollen Einfluß auf die Festigkeitswerte des Kerns auszuüben vermögen.

Kurbelwellen, Zahnräder und ähnliche Maschinenteile, die auf Grund ihrer Form zum Verziehen beim Vergüten neigen, wird man zweckmäßig vor der mechanischen Bearbeitung als Rohlinge vergüten. Wichtig ist dabei, daß das Brennhärten die Vergütung praktisch nicht beeinflußt. Nur wenn auf sehr hohe Festigkeit vergütet wurde, findet man zwischen Rand und Kern eine sehr schmale Zone, die unter die Vergütungsfestigkeit angelassen ist (Abb. 57). Ein nachteiliger Einfluß dieser Schicht auf die Bewährung des Werkstückes im praktischen Betrieb wurde noch in keinem Fall festgestellt.

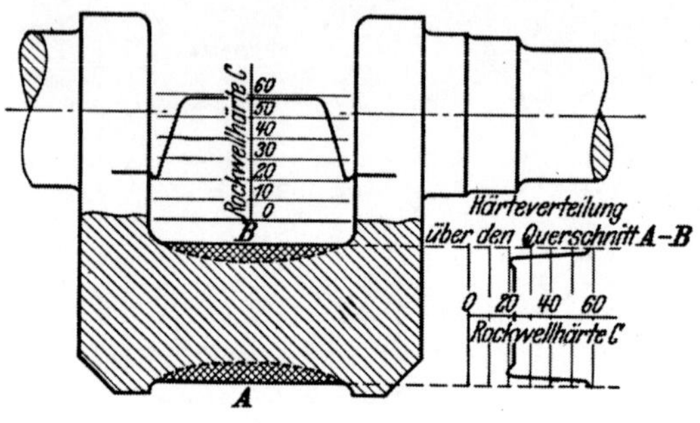

Abb. 57. Härteverlauf über den Querschnitt eines brenngehärteten, vorher vergüteten Kurbelwellenzapfens

62. Praktische Beispiele von Sondermaßnahmen. a) Verzugsminderung. Jede Härtung des Stahls ist bei der Martensitbildung mit einer Volumenzunahme verbunden, die, abhängig vom Gehalt an gebundenem Kohlenstoff, bei den beim Brennhärten üblichen Stählen zwischen 0,3 und 0,6% liegt.

Die Umlauf- und Umlaufvorschubhärtung erstreckt sich rings um das Werkstück. Die entstehenden Eigenspannungen können sich daher nicht in einem Verzug auswirken, sofern die zum Härten kommenden Werkstücke frei sind von Eigenspannungen aus der Vorbehandlung oder der mechanischen Bearbeitung.

Bei einseitigem Härten führt die Volumenzunahme zu einer Aufwölbung der gehärteten Oberfläche, wenn sich das Werkstück beim Erwärmen frei dehnen kann. Ist es daran jedoch durch einen starren Querschnitt gehindert, so staucht sich die erhitzte Schicht. Dadurch tritt beim Erkalten eine Verkürzung der Oberfläche ein trotz der Volumenzunahme beim Härten und die gehärteten Stücke werden hohl. Zwei gegenüberliegende Flächen sollten deshalb möglichst gleichzeitig gehärtet werden, z. B. die beiden Flanken eines Zahnes. Der Verzug ist dann praktisch gleich Null. Das gilt auch z. B. für Gleitbahnen (Abb. 28, S. 22) und Brikettpreßstempel (Abb. 58 u. 59).

Bei langen, stabförmigen Körpern mit einseitigen Verschleißflächen kann der Verzug verringert werden, wenn die gegenüberliegende Seite, trotzdem sie auf Verschleiß nicht beansprucht ist, mitgehärtet wird. Wo sich dies im Hinblick auf nachträgliche Bearbeitungsvorgänge nicht durchführen läßt, kann man den Härteverzug durch Aufspannen des Werkstückes auf eine starre Unterlage herabsetzen. Gelegentlich ist es sogar praktisch, dem Werkstück durch Unterlegen von 1···2 mm starkem Blech in der Mitte eine Vorspannung zu geben, so daß nach dem Härten ein annähernd gerades Werkstück anfällt. Werkzeugmaschinenbetten, bei denen eine Härtung der Gegenflächen aus konstruktiven Gründen nicht möglich ist, werden zweckmäßig ballig gehobelt, um dem auftretenden Minusverzug entgegenzuwirken. Die Überhöhung in der Mitte sollte etwa 0,1···0,15 mm/lfd. m betragen, so daß z. B. bei einem Bett von 4 m Länge die Überhöhung in der Mitte 0,4···0,6 mm beträgt.

b) Bessere Querschnittsgestaltung. Auf die Notwendigkeit eines möglichst gleichmäßigen Querschnittes sei immer wieder hingewiesen. Manchmal läßt sich aber trotz noch so geschicktem Einschalten des Brennhärtens in die mechanische Bearbeitung keine gleichmäßige Wandstärke schaffen, wie z. B. bei Lagerschilden, an denen seitlich zwei Befestigungsaugen angebracht sind. Infolge der größeren Wärmeableitung bleibt die Härtetemperatur an den Augen zurück, und es besteht Gefahr, daß die dünnen Wandstärken durchhärten, bevor an den Augen überhaupt eine Härtetemperatur erreicht wird. Hier half sich der Betriebsmann durch Vorwärmen der Augen mit einem einfachen Flachbrenner, wozu bei der großen Wärmeleistung der Brenner nur wenig Zeit erforderlich ist. Anschließend ergab das Härten jetzt in jedem Falle eine gleichmäßige Wärmeaufnahme und damit eine einwandfreie Härteschicht.

Ist die zu härtende Fläche nicht rechtwinklig begrenzt, so darf trotzdem der Brenner nicht schief gestellt werden, da sich das Stück sonst verzieht. Der Brenner muß stets senkrecht zur Werkstückachse stehen. Aus dem gleichen Grunde ist es auch nicht möglich, eine zu schmale Fläche mit einem schräg gestellten breiteren Brenner zu härten. Die Schlitzlänge des Brenners muß stets der zu härtenden Breite genau angepaßt werden.

Bei *Treib-* und *Kuppelzapfen* wird Wert darauf gelegt, die Hohlkehle und den Anlaufbund mit zu härten. Eine Konstruktion nach Abb. 54 A_5, d. h. die Trennung der senkrecht zueinanderstehenden Flächen durch eine Hinterdrehung, ist hier mit Rücksicht auf die Dauerfestigkeit nicht möglich. Die Umlaufhärtung scheidet wegen des ungleichen Durchmessers aus. Der notwendige Härteverlauf kann nur durch Pendelhärtung mit Hilfe von Segmentbrennern erreicht werden. Dabei wird der Segmentbrenner am Anlaufbund angesetzt und dann schnell hin und her über die Lagerstelle geführt. Am Anlaufbund, wo die Bewegungsrichtung sich jeweils umgekehrt, bleibt der Brenner etwas länger stehen, so daß dieser Stelle mit stärkstem Wärmebedarf auch die größte Wärmemenge zugeführt wird. Auf diese Weise bietet das Pendelverfahren die Möglichkeit, solche Werkstücke trotz ungleichem Querschnitt einwandfrei brennzuhärten.

Unterbrechungen der Oberfläche durch Keilnuten, Schmierlöcher, Bohrungen oder sonstige Aussparungen müssen vor dem Brennhärten abgedeckt werden, damit eine Überhitzung der Kanten und ihr Anschmelzen verhindert wird. Dafür haben sich nicht zu feuchter Lehm, zweckmäßig mit etwas Asbest gemischt, Schamotte, Spezialkitt oder Gußeisenstücke gut bewährt und sind leicht anzuwenden. Wegen der besonders bei Lehm und Schamotte auftretenden

Abb. 58. Brennhärten von Brikettpreßstempeln auf einer Senkrecht-Härtemaschine

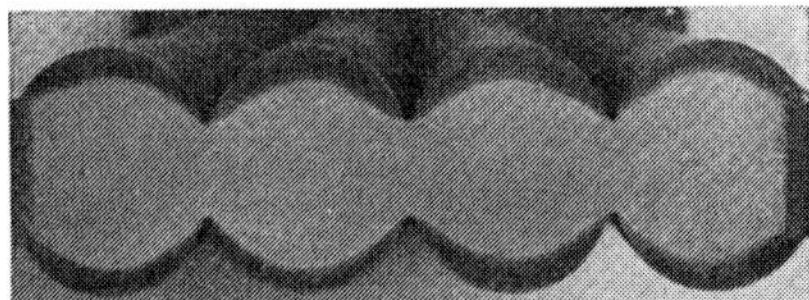

Abb. 59. Schliffbild eines nach Abb. 58 brenngehärteten Preßstempels

hellen Strahlen ist die Benutzung einer Schutzbrille zum Beobachten des Härtevorganges nötig, die sonst nur beim Brennhärten mit Azetylen getragen zu werden braucht.

Die neben der Härteschicht liegenden weichen Stellen brauchen nicht besonders abgeschirmt zu werden, da die Brenner sich genau dem gewünschten Härteverlauf anpassen lassen. Muß bis zum Rand gehärtet werden, kann der Überhitzungsgefahr durch Beilegen genau passender Kupferstücke begegnet werden. Das ist insbesondere wichtig, wenn schräge Kanten, auf die der Brenner aufläuft, mitgehärtet werden müssen.

c) **Erhöhung der Stückzahlen.** Bei größeren Stückzahlen kann der Härtevorgang oft wesentlich beschleunigt werden, wenn im zusammengebauten Zustand gehärtet wird. Das Oberflächenhärten von Schraubstöcken (Abb. 60) ist hierfür ein gutes Beispiel. Die vier Arbeitsflächen des Schraubstockmaules werden gleichzeitig gehärtet. Dabei wird durch eine Lehre der für den Brenner notwendige richtige Abstand beim Aufsetzen auf die Härtemaschine geprüft, so daß der Brenner dann einfach durch das geöffnete Schraubstockmaul hindurchfahren kann.

Bei gleichartigen Werkstücken können, sofern der vorhandene Anschlußwert ausreicht, gleichzeitig zwei Stücke gehärtet werden, wie z. B. Nockenwellen für Diesel-Einspritzpumpen.

Abb. 61 zeigt eine Senkrecht-Härtemaschine mit einer Spezialaufspannvorrichtung, die das gleichzeitige Härten der Stege von zwei Bodenplatten für Gleiskettenfahrzeuge ermöglicht. Da der Härtevorgang selbsttätig abläuft, wurde die Aufnahme für vier Werkstücke ausgebildet, von denen während des Härtevorganges zwei ausgewechselt werden.

Abb. 60. Zur Zeitersparnis werden die vier Arbeitsflächen des Schraubstockmaules gleichzeitig gehärtet

63. Anlassen. Nach dem Brennhärten werden die meisten Werkstücke ohne weiteres eingebaut, solche mit engen Toleranzen oder höchsten Ansprüchen an die Laufeigenschaften noch geschliffen oder poliert.

Im Fahrzeugbau und Werkzeugmaschinenbau werden die brenngehärteten Werkstücke, insbesondere die umlaufgehärteten Zahnräder, regelmäßig angelassen, weil ihre stark schwingende oder stoßweise Belastung die Anlaßbehandlung zur Verbesserung der Werkstoffeigenschaften erfordert. Die Anlaßtemperatur liegt in der Regel zwischen 150 und 200°.

Auch im übrigen Maschinenbau sollte man die Werkstücke, sofern ihre Form es zuläßt, nachträglich anlassen. Bei sperrigen Werkstücken ist das bequem mit dem Brenner möglich, wobei die Anlaßtemperatur entweder mit dem Milliskop in Sonderausführung für Temperaturen von 200···600° C, oder aber mit Thermochromstiften überprüft werden kann.

Man braucht keineswegs zu befürchten, daß infolge des Härteverlustes durch das Anlassen der Verschleiß zunimmt. Überraschenderweise ist das Gegenteil festzustellen. Die zweckmäßig angelassenen Werkstücke zeigen bessere Laufeigenschaften und geringeren Verschleiß als die unbehandelt eingebauten.

Bei Werkstücken, die auf Grund ihrer Form zu Härterissen neigen, z. B. sehr spitzen Nocken, ist das Anlassen nicht zu entbehren.

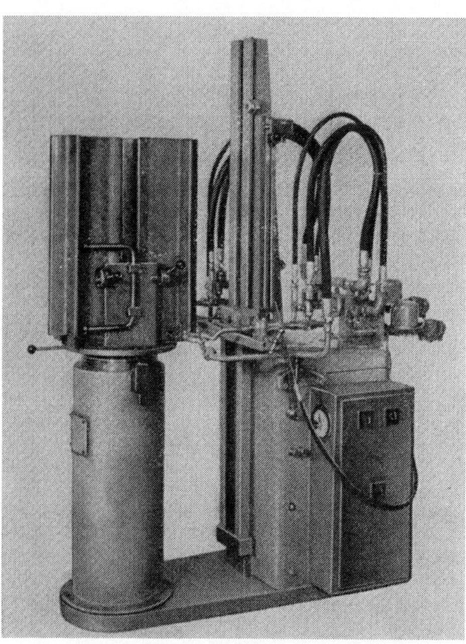

Abb. 61. Senkrecht-Härtemaschine, eingerichtet für die gleichzeitige Vorschubhärtung von zwei Bodenplatten

64. Rostschutz. Leider neigen die brenngehärteten Kohlenstoffstähle stark zum Rosten, wenn sie nicht sofort nach dem Härten abgetrocknet werden. Da dies meist nicht durchzuführen ist oder den im Akkord arbeitenden Härter als zusätzliche Arbeit sehr stört, verwendet man zweckmäßig Rostschutzbäder. Unmittelbar nach dem Härten kurze Zeit eingetaucht, erhalten die Stähle einen längere Zeit ausreichenden Rostschutz.

Vorteilhaft ist auch, die Spritzwassermenge so zu bemessen und so abzuführen, daß das Werkstück nur auf Handwärme, etwa 70° C, abgekühlt wird. Dadurch verdunstet das anhaftende Wasser besser, dasWerkstück trocknet schneller und die Rostgefahr wird verringert.

C. Härtefehler und ihre Beseitigung

65. Werkstoffmängel und unsachgemäße Handhabung des Brennhärtens können die Ursache von Härtefehlern sein. An einigen typischen Beispielen seien daher Ursache und Abhilfe aufgezeigt.

Ist die *Bearbeitungszugabe* unzureichend, so können Verschmiedungen, Überlappungen, Seigerungen, Walz- und Ziehrisse die Ursache von Beschädigungen der Härteschicht sein. Auf die *Randentkohlung* unbearbeiteter Werkstoffe als Ursache ungenügender Härteannahme wurde bereits hingewiesen. *Abspringen* der Randkante infolge Überhitzung oder *Anschmelzungen* können entweder auf zu lange Anwärmzeit, auf zu geringen Abstand zwischen Brenner und Werkstück oder auf zu geringe Wärmeableitung am Ende des Werkstückes zurückgeführt werden. Diese Fehler lassen sich durch sachgemäße Handhabung, d. h. Innehalten der richtigen Anwärmzeit, Einstellen des richtigen Abstandes Brenner-Werkstück entsprechend der Kernlänge der Flamme bzw. durch ruckartige Beschleunigung des Brenners am Werkstückende, zuverlässig vermeiden.

Wird die dem Werkstoff zugeordnete *Oberflächenhärte* (s. Kap. III Werkstoffe) *nicht erreicht,* so kann entweder eine Randentkohlung oder unzureichende Abschreckung die Ursache sein. Randentkohlung findet sich häufig bei blankgezogenem Material und regelmäßig bei unbearbeitetem Stahlguß, Walzprofilen und Schmiedestücken. Es ist deshalb bei derartigen Stücken tunlichst eine mechanische Bearbeitung mit wenigstens 1···2 mm Spanabnahme an den zu härtenden Flächen vorzusehen.

Das abgeschreckte Werkstück soll *blank* aussehen und *zunderfrei* sein. Ist es an der Oberfläche schwarz angelaufen, so ist dieses häufig ein Zeichen unzureichender Abschreckung. Die Brause muß dann überprüft und die Abschreckung verbessert werden. Der richtigen Abschreckung kommt mindestens die gleiche Bedeutung wie der Erwärmung zu. Sie darf daher niemals vernachlässigt werden.

V. Bewährung des Brennhärtens

66. Werkstoffersparnis. Das Brennhärten ermöglicht in vierfacher Hinsicht eine bedeutende Einsparung von Werkstoff.

a) Verminderung von Ausschuß. Beim Einsatzhärten stärkerer Querschnitte treten im Kern infolge des unterschiedlichen Schrumpfens von Rand und Kern erhebliche Zugspannungen auf. Der viel schneller erstarrende Rand hindert den Kern am Schrumpfen. Ist nun der Kernquerschnitt durch Werkstoffehler oder konstruktive Kerben geschwächt, so werden die sich bildenden Zugspannungen ausgelöst und das Werkstück geht zu Bruch. Solche Härtebrüche treten z. B. beim Einsatzhärten von Kolbenstangen und Gleitbahnen häufig auf. Nach der Statistik muß mit etwa einem Ausschuß in der Größenordnung von 15%, selbst bei sorgfältiger Durchführung des Verfahrens, gerechnet werden. Beim Brennhärten wird die Erwärmung auf die zu härtende Randzone beschränkt. Im Kern können daher schädliche Zugspannungen nicht auftreten, so daß durch Brennhärten die Ursache der Härterisse bei starken Querschnitten zuverlässig ausgeschaltet wird.

Gesenkgeschmiedete Schraubstöcke wurden anfänglich im Ofen gehärtet. Die auftretende Durchhärtung hatte sehr starke innere Spannungen zur Folge, die sich bei Temperaturwechsel oder starken Beanspruchungen in Form von Härterissen auslösten. Durch Brennhärten (Abb. 60) wird die Härtetiefe einwandfrei auf 3···4 mm begrenzt. Obwohl inzwischen über 1 Million Schraubstöcke brenngehärtet wurden, zeigte sich kein Härteriß mehr.

b) Besserer Verschleißschutz. Bei größeren Werkstücken ist die Einsatzhärtung nicht durchführbar, deshalb bisher ein zuverlässiger Verschleißschutz vielfach nicht möglich. Heute kann man selbst allergrößte Werkstücke einwandfrei härten, da die Brenner den Werkstückformen angepaßt werden können, z. B. Drehbankbetten.

Abb. 62 zeigt das Brennhärten eines Königslagers aus Stahlguß GS C 45. Es war schon abgegossen, als sich herausstellte, daß die Belastung des Lagers höher als vorgesehen ausfallen würde. Die höheren Flächenpressungen konnten vom Werkstoff so nicht aufgenommen werden. Wenn nicht durch Brennhärten die Möglichkeit bestanden hätte, die Laufflächen oberflächenzuhärten, wären die mehrere Tonnen wiegenden Lager Schrott gewesen und hätten durch einen hochlegierten Stahlguß mit vielen 100 kg von Legierungsmetallen ersetzt werden müssen.

Vielfach waren auch die Kosten der Einsatzhärtung höher als die Neukosten des Werkstückes, so daß sich das Härten nicht lohnte. Da ist es von besonderer Bedeutung, daß beim Brennhärten die Kosten so gering sind, daß auch in solchen Fällen eine wirtschaftliche Härtung ermöglicht wird (Abb. 63).

Abb. 62. Brennhärten eines Königslagers nach dem Vorschubverfahren

Siegener *Bolzen*, Lokomotivbrems- und Steuerungsbolzen wurden bisher aus diesen Gründen ungehärtet eingebaut. Das Brennhärten dieser Teile macht nur 10—15% der Kosten neuer Bolzen aus, außerdem wird ihre Lebensdauer durch Brennhärten erhöht. Dazu kommt, daß die gehärteten Bolzen die Lagerschalen viel weniger angreifen, da der harte Bolzen eine glatte Oberfläche beibehält, die die Lagerschale viel weniger beansprucht als ein weicher, sehr schnell verschleißender und dann riefig und rauh werdender Bolzen. Der verschlissene Bolzen schlägt zudem viel stärker in der Lagerung, so daß örtliche Überbelastungen auftreten, die eine vorzeitige Zerstörung des Lagers hervorrufen. Beim gehärteten Bolzen ist die Flächenpressung stets gleichmäßig. Zudem verhindert das gleichbleibend enge Lagerspiel das Eindringen von Verschleißstoffen, wie Staub, Asche usw., so daß es kein Wunder ist, daß auch die ungehärteten Lagerschalen bei Verwendung brenngehärteter Bolzen eine doppelte Lebensdauer aufweisen.

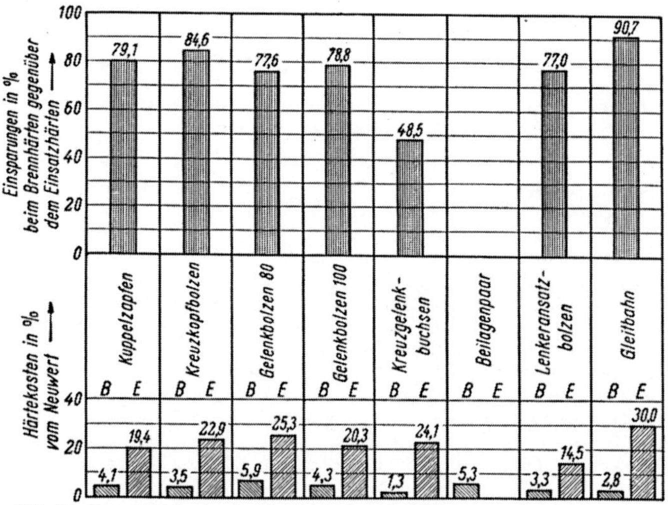

Abb. 63. Brennhärtekosten im Vergleich zum Einsatzhärten und zum Neuwert

Bei geschmierten Lagern ist es wichtig, daß die Lagertemperatur bei gehärtetem Zapfen wesentlich niedriger ist, so daß auch aus diesem Grunde eine bessere Lebensdauer der Lagerung zu erwarten ist.

c) Verwendung von Austauschlagerstoffen. Für die Bewährung bei gleitender Reibung ist ein möglichst großer Unterschied der Härte zwischen den im Eingriff stehenden Werkstoffen günstig. Die heute vielfach verwendeten Lagerwerkstoffe Sintereisen und Kunstharz greifen den weichen Bolzen viel stärker an, da sie härter sind als Rotguß und Weißmetall. Durch Brennhärten des Bolzens kann der notwendige Härteunterschied auf billigste Weise wieder hergestellt werden. Versuche an *Kranbolzen* ergaben bei Bolzen aus St 50 und Rotgußbüchsen nach einer Laufzeit von 200 Stunden einen Gesamtverschleiß von 0,10 mm. Wurde die Rotgußbüchse gegen eine solche aus Sintereisen ausgewechselt, so stieg der Verschleiß in der gleichen Zeit auf 0,17 mm an. Als der Bolzen aus St 60 gefertigt und seine Oberfläche mit Leuchtgas-Sauerstoff gehärtet wurde, fiel der Verschleiß trotz Verwendung der Sintereisenlagerschalen auf 0,02 mm, so daß sich eine fünffache Verlängerung der Lebensdauer trotz Austausch der Lagerschalen ergab.

Von *Rollgangsantrieben* wurde berichtet, die durch Brennhärten der Zapfen selbst bei Verwendung von einsatzgehärteten Lagerschalen aus C 16, eine fünf-, sieben- und sogar dreizehnfache längere mittlere Laufzeit erreichten gegenüber der bisherigen Laufzeit von Rotgußbüchsen mit ungehärteter Rollgangswelle.

Die großen Schnecken und Schneckenräder der Walzwerksantriebe werden gleichfalls seit einiger Zeit mit gutem Erfolg brenngehärtet. Dabei ist zu beachten, daß die Schneckenräder verzugsfrei gehärtet werden müssen, da es bis heute noch keine Möglichkeit gibt, derartige Räder zu schleifen. Die Erfahrung lehrt, daß nur das Brennhärten diese Bedingungen zu erfüllen vermag, da alle übrigen Verfahren einen unzulässig hohen Verzug hervorrufen.

d) **Einsparen legierter Stähle** Drehbankspindeln und Pinolen, aus Ck 56 hergestellt und an den Lagerstellen brenngehärtet, geben selbst bei Umfangsgeschwindigkeiten von 9 m/min die gleiche Betriebssicherheit wie die bisher benutzten einsatzgehärteten Spindeln aus ECN 45. Die Werkstoffersparnis ist daher auch bei diesen Werkstücken beträchtlich.

67. Arbeitszeitersparnis. Auch hier sind es vier Punkte, die besonders hervorgehoben werden können.

a) Verfahrensmäßig bedingt sind kürzeste Arbeitszeiten, weil die erforderlichen geringen Einhärtetiefen nur erreicht werden, wenn die Erhitzung mit Brennern so großer Flammenleistung vorgenommen wird, daß an der Oberfläche ein **Wärmestau** entsteht.

Abb. 64. Das Brennhärten von Wälzhebeln erfordert nur 2% der für das Einsatzhärten aufzuwendenden Zeit und Kosten

Bei der Einsatzhärtung von Kettengliedern z. B. sind 8 Arbeitsgänge notwendig: 1. Große Bohrung mit Lehm füllen. — 2. Kappe für die Zahneinsatzhärtung mit Paste füllen. — 3. Einsetzen der Glieder im Ofen bei 830···840 °C, wozu $2^{1}/_{2}$—3 Std. erforderlich sind. — 4. Herausnehmen der Glieder aus dem Ofen. — 5. Entfernen der Einsatzkappe. — 6. Abschrecken in Wasser. — 7. Reinigen im Sandstrahlgebläse. — 8. Härte prüfen.

Nach Umstellung auf das Brennhärten werden nur zwei Arbeitsgänge erforderlich: 1. Auswechseln des Kettengliedes in der Härtemaschine. — 2. Härte prüfen.

Da alle 45···60 Sekunden 1 Kettenglied auf dem für das Härten dieser Werkstücke eigens entwickelten Automaten gehärtet wird, hat der Bedienungsmann die Möglichkeit, die gehärteten Kettenglieder gleich auf ihre Härte zu prüfen. Er kann sich daher laufend davon überzeugen, daß Maschine und Brenner richtig eingestellt sind und die erforderlichen Härtebedingungen erreicht werden. Durch Übergang auf das Brennhärten konnten von 10 Arbeitern 9 eingespart werden.

Die Einsatzhärtung von 4 Wälzhebeln, gleich einer Ofenfüllung, erfordert folgende Arbeitsgänge: 1. Schmieden. — 2. Vorarbeiten. — 3. Einsetzen, Glühdauer 78 Stunden. — 4. Zwi-

Abb. 65. Kurbelwellen-Härtemaschine für das Härten von Kurbelwellen
in 2 bis 4 Arbeitsgängen ohne Umspannen

schenglühen zur besseren mechanischen Bearbeitung, 6 Stunden. — 5. Einsatz abarbeiten. — 6. Härten, 5 Stunden. — 7. Anlassen, 2 Stunden. — 8. Fertigbearbeiten. — 9. Schleifen.

Abb. 66. Umlaufvorschubhärtung der Innenwand von Spül-
pumpen-Zylindern mit Hilfe eines Pilzbrenners

Demgegenüber erfordert das Brennhärten (Abb. 64) nur 5 Arbeitsgänge: 1. Schmieden. — 2. Zwischenglühen 6 Stunden. — 3. Fertigbearbeiten. — 4. Brennhärten, 48 Minuten für 4 Stück. — 5. Schleifen.

Die Wärmebehandlungszeiten werden bedeutend abgekürzt. Durch Zusammenlegung der bei der Einsatzhärtung erforderlichen mechanischen Bearbeitungsgänge 2, 5 und 8 zum einzigen Arbeitsgang 3 beim Brennhärten konnte 30% der Fertigungszeit eingespart werden.

Der Härteofen kann nur wirtschaftlich ausgenutzt werden, wenn 4 Wälzhebel gleichzeitig eingesetzt werden; das bedingt, daß erst 4 solche Werkstücke fertig bearbeitet sein müssen, bevor die Härtebehandlung durchgeführt werden kann. Es sammelt sich also in der Härterei eine große Anzahl sperriger Werkstücke an, deren Weiterbearbeitung nachher Schwierigkeiten bereitet, da die mechanische Bearbeitung nacheinander erfolgen muß.

Beim Brennhärten kann jeder Wälzhebel mit genau der gleichen Wirtschaftlichkeit gehärtet werden, ganz gleich, ob einzelne Werkstücke oder mehrere gehärtet werden müssen, von den geringen Einrichtezeiten abgesehen.

b) Fortfall von Bearbeitungsgängen. Beim Brennhärten kann die Härteschicht durch die Brennerform und den Vorschubweg genau begrenzt werden. Schutzmaßnahmen für die weichbleibenden Stellen sind zumeist unnötig, also kein Verpacken oder Abarbeiten der Einsatzschicht an den weichbleibenden Stellen. Die Werkstücke können sofort bis auf Schleifmaß fertig bearbeitet werden, so daß sich in der mechanischen Fertigung Ersparnisse bis zu 30% ergeben. Die in Abb. 78 gezeigte Kurbelwellenhärtemaschine beispielsweise ermöglicht es, sämtliche Lagerstellen einer Vierzylinderkurbelwelle in 3···5 Minuten zu härten. Für Sechs- bis Achtzylinderkurbelwellen werden Arbeitszeiten von nur 5···10 Minuten erforderlich, Leistungen, die bei keinem anderen Härteverfahren auch nur annähernd erreichbar sind.

c) **Einbau in die Fließfertigung.** Eine Einzweckmaschine, z. B. Kurbelwellenhärtemaschine, (Abb. 65) Bolzenautomat (Abb. 24, S. 19), Zahnradhärtemaschinen (Abb. 84, S. 64), werden am besten innerhalb der Fließfertigung des Werkstückes aufgestellt, so daß zeitraubende Transportwege zwischen mechanischer Werkstatt und Härterei entfallen. Das Brennhärten vermindert gleichzeitig die im Betrieb umlaufenden Werkstückzahlen und erhöht die Übersichtlichkeit der Fertigung.

d) **Verminderung der Nacharbeit.** Die auf die Verschleißflächen beschränkte Härtebehandlung beim Brennhärten bewirkt eine wesentliche Minderung der Verzugsgefahr. An Nockenwellen durchgeführte Verzugsmessungen ergaben, daß bei der Einsatzhärtung 67% der Nockenwellen nachzurichten sind, während diese Arbeit beim Brennhärten gänzlich fortfällt.

Bei der Innenhärtung von Zylinderbüchsen (Abb. 66) ergibt die Einsatzbehandlung einen so starken Verzug, daß vielfach die Gefahr besteht, die Härteschicht an einzelnen Stellen wieder herauszuschleifen. Demgegenüber weisen die brenngehärteten Zylinderbüchsen selbst bei einer Länge von 600 mm einen Verzug in der Größenordnung von höchstens 0,1 mm auf. In den weitaus meisten Fällen ist der Verzug bedeutend geringer, so daß vielfach derartige gehärtete Büchsen ohne Nachschleifen eingebaut werden können.

Abb. 67. Schlupfhärtemaschine für Kugellager und Lenkkränze bis 3000 mm Durchmesser, mit Zusatzvorrichtung für Zahnkranzhärtung

Laufringe großen Durchmessers erfordern bei den bisher üblichen Wärmebehandlungen ein stundenlanges Nachschleifen. Demgegenüber ermöglicht das Brennhärten auch solche Arbeiten mit einem Verzug von nur 0,1···0,2 mm durchzuführen, wodurch 90···95% der bisherigen Schleifarbeiten eingespart werden können (Abb. 67).

Bei Bolzen, Wellen, Achsschenkeln und ähnlichen runden Teilen ist der Verzug gewöhnlich so gering, daß das übliche Schleifmaß bedeutend herabgesetzt werden kann. Auch diese Möglichkeit wirkt sich im Interesse einer Arbeitszeitersparnis und Beschleunigung der Fertigung vorteilhaft aus.

Vielfach können in Fällen, in denen keine Schleifbehandlung vorgesehen ist, die Einbautoleranzen wesentlich herabgesetzt werden, z. B. bei Baggerbolzen, wodurch die Lebensdauer günstig beeinflußt wird, da der Zutritt von Verschleißstoffen erschwert wird.

68. Energieersparnis. Bei der Einsatzhärtung wird, wenn im Rand und Kern gleichmäßig günstigstes Gefüge vorliegen soll, eine mehrmalige Wärmebehandlung notwendig. Diese Wärmebehandlung muß sich zudem auf den gesamten Werkstückquerschnitt erstrecken. Um schädliche Überhitzungen dünner Querschnitte zu vermeiden, muß die Erhitzungsgeschwindigkeit im Ofen verhältnismäßig gering sein, wodurch sich lange Glühzeiten und dementsprechend ein hoher Energieverbrauch zwangsläufig ergeben. Die Beschränkung der Wärmebehandlung auf die dünne Verschleißschicht bringt daher beim Brennhärten erhebliche Energieersparnisse.

So benötigt beispielsweise die Einsatzhärtung des Wälzhebels nach Abb. 64 465 kWh je Werkstück gegenüber einem Verbrauch von 1,26 cbm Leuchtgas beim Brennhärten.

Bei Kipphebeln (Abb. 8, S. 10) betrug der Unterfeuerungsbedarf des Einsatzofens 1,76 m³/ Stück, beim Brennhärten werden dagegen nur 0,01 m³ Leuchtgas benötigt.

69. Erhöhung der Betriebssicherheit.

Durch Brennhärten kann die Betriebssicherheit der Konstruktionen wesentlich verbessert werden, da nicht nur der Verschleißwiderstand durch Brennhärten vergrößert wird. Eingehende Versuche haben ergeben, daß brenngehärtete Werkstücke auch bei Schlag- und Biege- sowie bei Dauerwechselbeanspruchung vorzügliche Eigenschaften aufweisen.

a) Schlag- und Biegebeanspruchung. Es ist in keinem Fall möglich, bei gesundem Werkstoff durch Schlag oder Stoß eine Trennung der Härteschicht vom Kern zu erreichen. Stoßweise Beanspruchung wird von brenngehärteten Bolzen sehr gut aufgenommen, da der weiche, zähe Kern erhalten bleibt. Von einem Bolzen mit 16 mm Durchmesser aus C 60 wurden Schlagbeanspruchungen von 175 mkp ohne Bruch aufgenommen. Die erreichbare Kerbschlagfestigkeit liegt allgemein sehr hoch. Der zähe Kern vermag auch große Biegebeanspruchung zu übertragen. Selbst bei Biegewinkeln bis zu 20° wies die Härteschicht von Feldbahnachsen keine Anrisse auf.

b) Dauerwechselbeanspruchung. Untersuchung von Thum (T. H. Darmstadt) haben ergeben, daß die Dauerbiegefestigkeit gekerbter, abgesetzter oder gebohrter Stäbe durch Brennhärten bedeutend gesteigert werden kann. Zum Teil wird eine dreifache Lebensdauer erreicht, wobei wichtig ist, daß die Härtebehandlung mit einfachsten Hilfsmitteln und in kürzester Zeit durchzuführen ist.

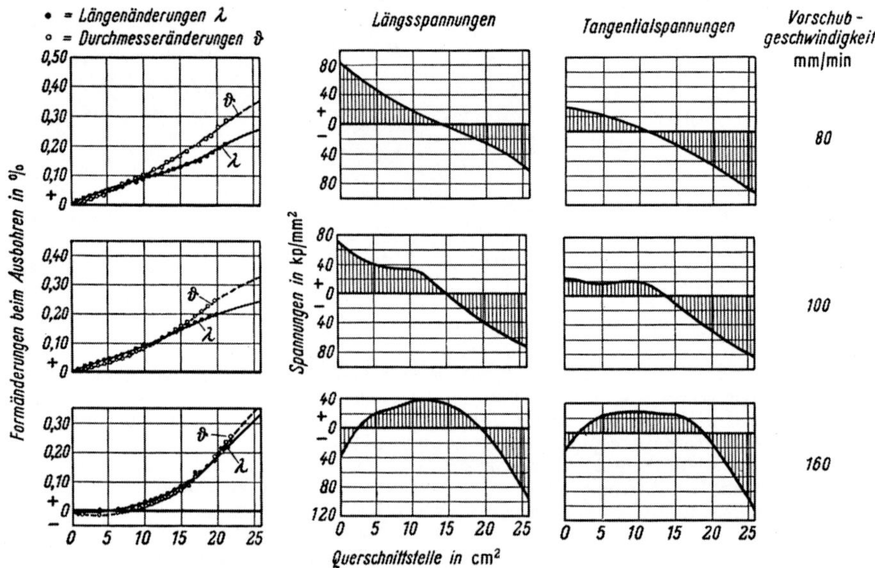

Abb. 68. Verlauf der Eigenspannungen im Querschnitt brenngehärteter Proben von 58 mm Querschnitt aus Ck 45, in Abhängigkeit von der Vorschubgeschwindigkeit (nach Bühler)

Um die Ursache dieser guten Bewährung brenngehärteter Bauteile bei Dauerbiegebeanspruchungen zu ermitteln, wurden durch stufenweises Ausdrehen die Spannungen in einem brenngehärteten Achsschenkel gemessen. Abb. 68 zeigt, daß beträchtliche Druckvorspannungen in der brenngehärteten Schicht vorhanden sind, die einen günstigen Einfluß auf die Dauerfestigkeit ausüben. Bei auftretenden Biegebeanspruchungen wird die am Rand aufgebrachte Spitze der Zugspannung durch die vorhandene Druckvorspannung weitgehend abgebaut, so daß das Werkstück weit weniger als ein ungehärtetes beansprucht wird. Man erkennt aus der Darstellung aber auch, daß zu große Einhärtetiefen die Zugspannungen im Kern vergrößern. Die Einhärtetiefe soll daher nicht größer als unbedingt notwendig gewählt werden.

Wertvoll ist, daß solch günstiges Verhalten gegenüber Dauerbeanspruchung auch bei brenngehärteten Gußwerkstoffen vorhanden ist, die infolge ihrer Graphiteinschlüsse schon an sich besonders kerbunempfindlich sind. Man hat damit die Möglichkeit, auch diese Werkstoffe stärker als bisher heranzuziehen, vor allem dort, wo ihre Verwendung auf Grund ihrer Verarbeitungsmöglichkeiten Vorteile verspricht, wie z. B. bei der Anfertigung von Kurbelwellen. Überall da, wo durch scharfe Querschnittsübergänge, Schmierlöcher und sonstige Bohrungen gefährliche Spannungsspitzen auftreten, kann daher durch Brennhärten die Dauerbruchgefahr verringert werden.

Eine beträchtliche Gefahrenstelle bei Dauerbiegung sind die Preßsitze und Einspannstellen. Hier tritt eine zusätzliche Beanspruchung des Wellenwerkstoffes auf, die eine Verminderung der Dauerfestigkeit auf die Hälfte gegenüber der des glatten Wellenwerkstoffes bewirkt. Die Ermüdungsbrüche erfolgen stets innerhalb der Radnabe. Man hat versucht, durch konstruktive Maßnahmen und zwar entweder durch eine besondere Ausbildung der Radnabe oder durch eine Verstärkung des Wellenquerschnittes die Dauerbruchgefahr zu vermeiden. Beide Vorschläge sind aber nur bei Neukonstruktionen durchführbar.

Die gesteigerte Ladefähigkeit der Güterwagen vergrößert die Beanspruchung der Achsen wesentlich. Versuche, die an Eisenbahnwagenachsen in Originalgröße durchgeführt wurden, ergaben, daß durch Brennhärten eine Steigerung der Dauerfestigkeit auf über 183% erreicht werden kann. Interessant ist dabei, daß das Vergüten keine Steigerung der Dauerfestigkeit, sondern im Gegenteil eine Verminderung bewirkt.

An geringen Abmessungen wirkt sich die durch Brennhärten festzustellende Steigerung der Dauerfestigkeit noch stärker aus. Während eine glatte Welle eine Dauerfestigkeit von 24 kp/mm² hatte, ging diese nach Aufschrumpfen des Preßsitzes auf 9,1 kp/mm² herab. Nach dem Brennhärten des Sitzes ergab sich eine Dauerfestigkeit von über 31,6 kp/mm², gegenüber dem Wert der vergüteten Wellen also eine Steigerung auf das Dreieinhalbfache und selbst gegenüber dem unbeeinflußten Wellenwerkstoff eine Zunahme um 30%.

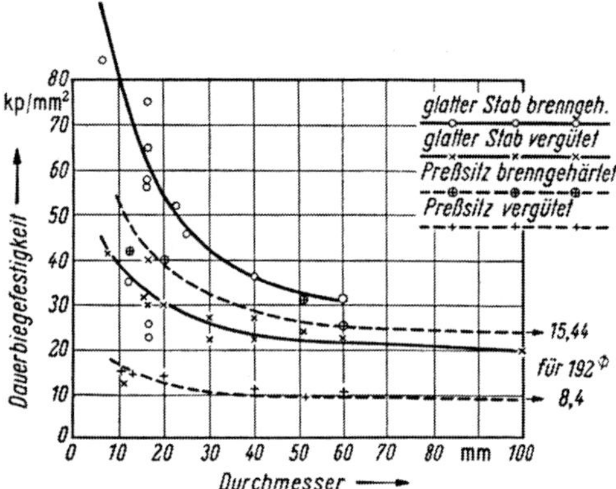

Abb. 69. Einfluß der Abmessung auf die Dauerfestigkeit glatter Stäbe und von Preßsitzen

Die Ergebnisse vorstehender Versuche sind in Abb. 69 dargestellt. Das Brennhärten kann als wirtschaftlichstes Verfahren zur Steigerung der Betriebssicherheit hochbeanspruchter Verbindungen angesehen werden.

70. Vorwärmen ermöglicht große Einhärtetiefen. Bei der Linienhärtung bleibt die Einhärtetiefe trotz Verwendung legierter Stähle bei üblichen Brenner-Brausen-Konstruktionen weit hinter den Erwartungen zurück. Das ist im wesentlichen in der beim Abstand Brenner-Brause von nur 15—20 mm zu geringen Austenitisierungszeiten begründet. Der Vergrößerung des Abstandes Brenner-Brausen sind aber Grenzen gesetzt, dadurch, daß einerseits im Zeitpunkt der Abschreckung noch der A_{c_3}-Punkt überschritten sein muß und andererseits die Härtetemperatur nicht wesentlich überhöht werden darf, um Grobkornbildung und das Auftreten von Härterissen zu vermeiden. Durch Vorwärmen im Ofen, bei Temperaturen bis 500°, oder aber mit Hilfe von Brennern, gelingt es, eine größere Einhärtetiefe zu erzielen. Man kann einen oder mehrere Vorwärmbrenner dem eigentlichen Härtebrenner voranschicken, wobei es gelegentlich zweckmäßig sein kann, dem Vorwärmbrenner eine Pendelbewegung in Vorschubrichtung zu geben, um auf diese Weise das Eindringen der Wärme auf größte Härtetiefen zu erzwingen. Den Einfluß der Vorwärmdauer in Sekunden auf die Einhärtetiefe bei GS 48 Cr Mo 4 zeigt Abb. 52. Auf die Verwendung von Vorwärmbrennern bei der Schlupfhärtung von Rollern wurde bereits im Abschn. 17 hingewiesen.

Die *Radsätze* der Gleisfahrzeuge müssen vorzeitig ausgebaut und nachgearbeitet werden, da der Verschleiß an der Spurflanke 2···3mal so groß ist wie an den Laufflächen. Durch die damit notwendig werdende Profilberichtigung wird sehr viel gesundes Material zerspant, wodurch die Lebensdauer der Bandagen bedeutend verkürzt wird.

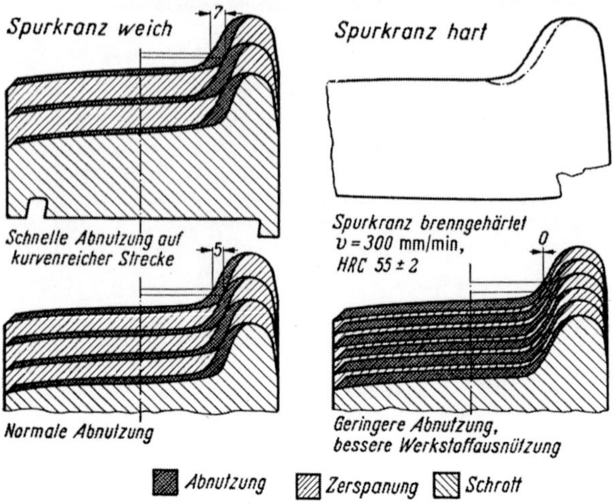

Abb. 70. Bessere Ausnutzung des Bandagenwerkstoffes durch die Härtung der Spurflanken (nach MENGLER)

Die Härtung der Spurflanken im Schlupfverfahren ergibt jedoch eine Pittingsbildung infolge unzureichender Härtetiefe, wenn man nicht mit *Vorwärmbrennern* arbeitet. Bei einer Einhärtetiefe von mindestens 4 mm an der Spurflanke wird der Verschleiß an Spurflanken und Laufflächen gleich und die Lebensdauer der Radsätze verdoppelt, so daß die bisher notwendig werdende Zwischenuntersuchung entfallen kann und auch die Radsätze der Lokomotiven nur noch im normalen Unterhaltungszeitraum nachgearbeitet zu werden brauchen. Das wirkt sich neben einer Einsparung von etwa 50% des Bandagenwerkstoffes (Abb. 70 u. 71) in einer erhöhten Laufleistung der Lokomotiven aus.

Von der Vorwärmung wird im *Weichenbau* weitgehend Gebrauch gemacht bei der Brennvergütung von Flügel- und Backenschienen, Herzstückspitzen und Zungen. Flügel-, Backenschienen und Zungen werden aus dem kalten Zustand heraus gehärtet. Um eine Einhärte-

Abb. 71. Radsatzhärtemaschine für die gleichzeitige Härtung beider Spurflanken

tiefe von mindestens 15 mm zu erzielen, laufen dem eigentlichen Härtebrenner zwei Vorwärmbrenner voraus. Werden die Herzstückspitzen als Schweißkonstruktion ausgeführt, so muß das Stück zum Abbau der Schweißspannungen auf eine Temperatur von 600 °C im O.en erwärmt werden. Kommt die geschweißte Herzstückspitze mit dieser Temperatur in die Härtemaschine, so genügt ein Vorwärmbrenner, die gewünschte Einhärtetiefe zu erreichen (Abb. 72).

Der *Schienenwerkstoff* mit 0,3···0,7% C würde bei Abschreckung in Wasser eine Härte von mindestens 60 *RC* ergeben. Bei so hoher Härte besteht im praktischen Betrieb die Gefahr von Härterissen und Abblätterungen. Die Bahnverwaltungen schreiben daher im allgemeinen eine Vergütungsfestigkeit von 40 ± 3 *RC* vor. Diese geringe Härte kann in einem Arbeitsgang erzielt werden, wenn statt Wasser mit Emulsion als Abschreckmittel gearbeitet wird und der Abschreckvorgang in zwei Phasen unterteilt wird. Nach einer kurzen, aber intensiven Abschreckung wird der aus dem Kopfinneren kommenden Wärme Gelegenheit gegeben, die abgeschreckte Schicht wieder anzulassen, wonach mit der zweiten Brause endgültig abgekühlt wird (Abb. 73···75). Im Gegensatz zu oberflächengehärteten Schienen mit hoher

Abb. 72. Brennvergütung von geschweißten Herzstückspitzen auf einer Sondermaschine

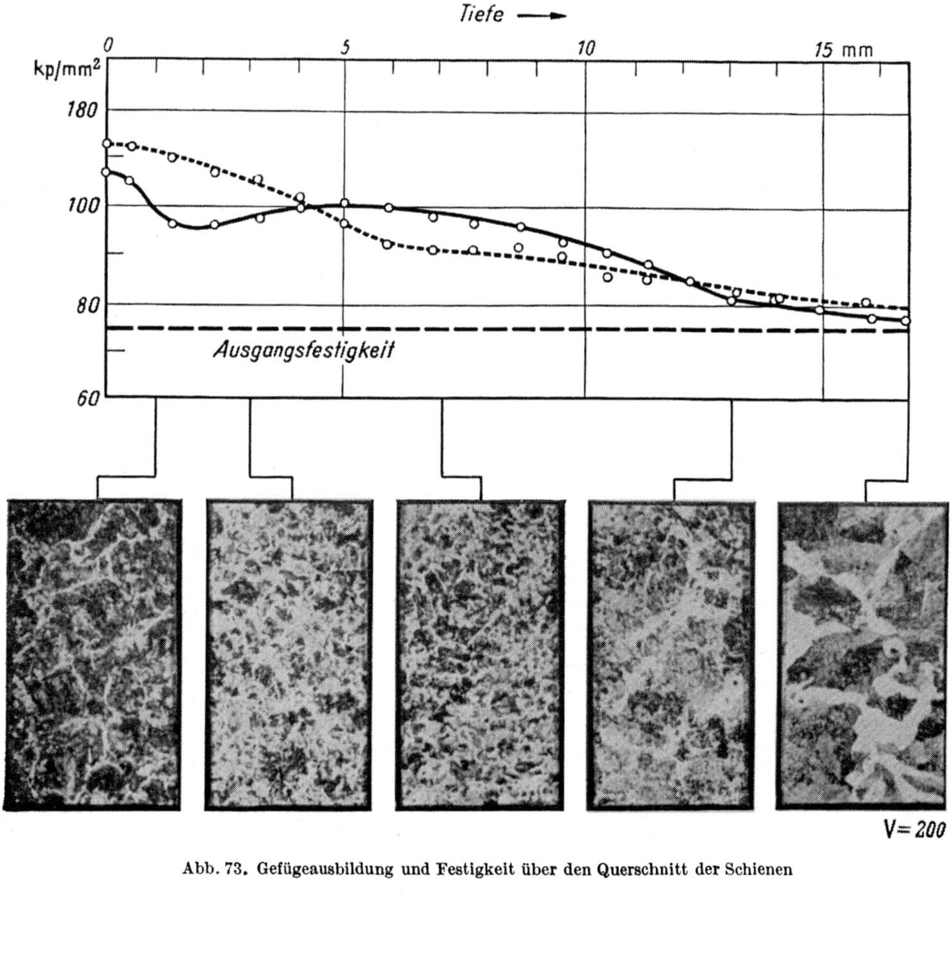

Abb. 73. Gefügeausbildung und Festigkeit über den Querschnitt der Schienen

Härte und geringer Einhärtetiefe haben die so vergüteten Weichenteile sich im Fahrbetrieb der in- und ausländischen Bahnverwaltungen seit vielen Jahren bestens bewährt.

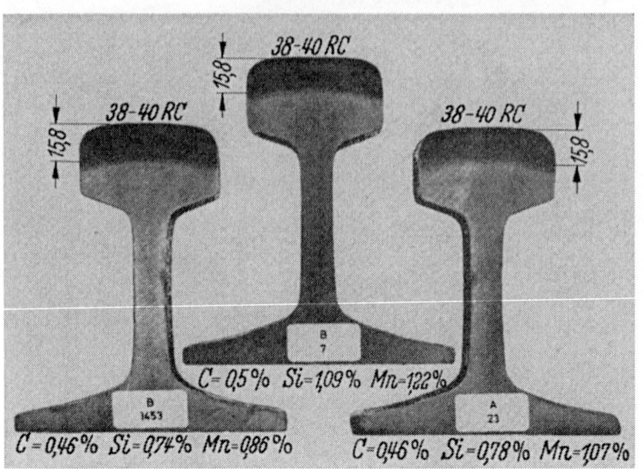

Abb. 74. Querschliff durch brenngehärtete Schienen

Kleine *Kaltwalzen* bis etwa 300 mm ⌀ härtet man im Umlaufverfahren (Abb. 76). Auch hier ist zur Erzielung der notwendigen Einhärtetiefe von 5% des Durchmessers eine *Vorwärmung im Ofen* zweckmäßig.

Bei der Umlaufvorschubhärtung *größerer Kaltwalzen* wird zwischen *Vorwärm- und Härtebrenner* ein Abstand von 500···600 mm eingehalten, wobei die Vorwärmtemperatur auf über 1000° C erhöht werden kann, ohne daß diese hohe Temperatur einen schadhaften Einfluß auf die Ausbildung des Härtegefüges hat. Die breite Glühzone von 500···600 mm zwischen Vorwärm- und Härtebrenner ergibt mit Zuverlässigkeit die notwendige Einhärtetiefe (Abb. 77). Der *Abschreckung* muß bei Kaltwalzen ganz besondere Aufmerksamkeit gewidmet werden, da diese infolge ihrer außergewöhnlich hohen Beanspruchung höchste Härten von über 100 Shore erfordern. Über 6000 nach diesem Verfahren brenngehärtete Kaltwalzen beweisen die technische und wirtschaftliche Brauchbarkeit des Verfahrens.

Abb. 75. Längsschliff durch ein brenngehärtetes Schienenende

Abb. 76. Umlaufhärten von kleineren Kaltwalzen

71. Der Einfluß der Stückzahlen auf die Ausbildung der Härtemaschinen und die Auswahl des Härteverfahrens sollen an einigen Beispielen aus dem Motorenbau erläutert werden. Sind die anfallenden Stückzahlen so groß, daß für die einzelnen Bauteile Fertigungsstraßen eingerichtet werden, so soll die Maschine als Einzweckmaschine in die Fertigungsstraße eingegliedert werden.

Abb. 77
Umlaufvorschubhärten von schweren Kaltwalzen

Abb. 78
Kurbelwellenhärteautomat
für das gleichzeitige Härten
von sieben Lagerstellen
einer Vierzylinder-Kurbelwelle

Für das Härten von *Kurbelwellen* wurde eine Maschine entwickelt, bei der die Brenner für die Hublager der kreisenden Bewegung der Kurbeln folgen können, so daß es möglich ist, in einem Arbeitsgang, unabhängig von der jeweiligen Lage, mehrere Haupt- und Hublager gleichzeitig zu härten. Grundsätzlich können Zweizylinder-Kurbelwellen mit 2 Hublagern und 3 Hauptlagern in einem Arbeitsgang gehärtet werden. Bei 4-Zylinderwellen ist zur Vermeidung eines überhöhten Anschlußwertes im allgemeinen eine Unterteilung in zwei Arbeitsgänge zweckmäßig. Eien patentierte Magnetventilsteuerung ermöglicht die Unterteilung des Härtevorganges ohne Umspannen des Werkstückes. Bei der Kurbelwellen-Härtemaschine Abb. 65, S. 54, kann der gesamte Arbeitsgang durch Anbringen eines Schwenkgetriebes automatisiert werden, so daß der Härter nur die Kurbelwellen auszuwechseln hat. Erhitzen, Abschrecken und Auswechseln sind die 3 aufeinanderfolgenden Arbeitsgänge.

Bei kleinen Kurbelwellen bis zu 7 Lagerstellen kann die Verwendung eines Spezialautomaten (Abb. 78) zweckmäßig sein, bei dem Erhitzen, Abschrecken und Auswechseln auf verschiedenen Stationen gleichzeitig vorgenommen werden. Während die erstgenannte Kurbelwellen-Härtemaschine je nach Anzahl der zu härtenden Lagerstellen eine Produktion von 4…20 Kurbelwellen je Stunde ermöglicht, kann dieser Vierspindelautomat bis zu 50 Kurbelwellen je Stunde härten.

Fallen die Kurbelwellen in geringen Stückzahlen oder sehr unterschiedlichen Abmessungen an, so kann es zweckmäßig sein, die Härtung der Haupt- und Hublager voneinander zu trennen. Dann werden im ersten Arbeitsgang auf der ersten Maschine sämtliche Hauptlager und im zweiten Arbeitsgang auf der zweiten Maschine die in einer Ebene liegenden Hublager gehärtet. Für jede Lagerebene muß eine Härtemaschine vorhanden sein, wenn das Auswuchten vermieden werden soll. Bei all diesen Maschinen wird die Kurbelwelle waagerecht eingespannt.

In der *Reparatur-* und *Einzelfertigung* würde ein solcher maschineller Aufwand nicht gerechtfertigt sein, so daß hier Senkrecht-Härtemaschinen vorgezogen werden, die den Vorteil bieten, daß die zu härtenden Lagerstellen leicht auf die Mittelachse der Maschine ausgerichtet werden können und das Auswuchten entfallen kann. Ist einmal ein Hublager auf die Mittelachse ausgerichtet, so kann durch Schwenken des Spannfutters mit Hilfe

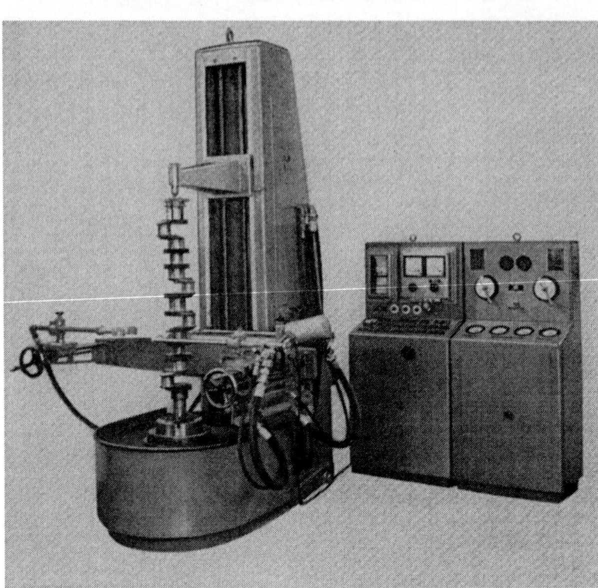

Abb. 79. Senkrecht-Härtemaschine für die Einzelhärtung von Kurbelwellenlagern

Abb. 80. Nockenwellen-Härteautomat; Laden, Erhitzen und Abschrecken erfolgt auf verschiedenen Stationen gleichzeitig. Die gehärtete Nockenwelle wird selbsttätig durch ein Förderband ausgetragen

einer eingebauten Teilvorrichtung jede andere Hublagerebene schnel eingestellt werden (Abb. 79). Der Brenner ist maschinell in der Höhe verstellbar.

Für das Härten von *Nockenwellen* kommt bei *kleinen* Stückzahlen, etwa bis 50 Stück je Stunde, die Wellen-Härtemaschine (Abb. 18, S. 17) auf Wunsch mit selbsttätigem Schwenkgetriebe, in Frage. Sollen auf dieser Maschine Werkstücke gehärtet werden, die die Abschreckung in Emulsion oder Öl erfordern,
so kann ein Abschreckmittelbehälter mit eingebautem Rückkühlaggregat und Umwälzpumpe untergebaut werden. Bei *großen* Stückzahlen sind Vierspindel-Automaten zweckmäßig, die für kleine Nockenwellen sogar mit zwei Einspannstationen versehen werden können, so daß hier eine Leistung bis zu 200 Nockenwellen je Stunde möglich wird. (Abb. 80)

Einen *Kleinteilautomaten* für kleine Bolzen, Kipphebel, Einstellschrauben usw. zeigt die Abb. 24, S. 19.

All diese Maschinen lassen sich zweckmäßig in die Fertigungsstraße einreihen, so daß die nicht unerheblichen Transportkosten entfallen.

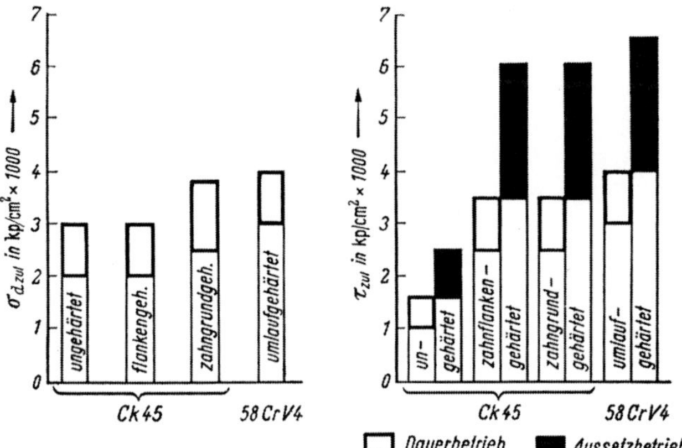

Abb. 81. Zulässige Beanspruchung von Zahnrädern (nach WISSMANN) Links Biegung und Stoß, rechts Schubspannung

72. Zahnräder sind an den Flanken auf Verschleiß, im Zahngrund auf Biegung und Stoß beansprucht. Der Verschleiß tritt dabei in zwei verschiedenen Formen auf, als Abrieb und als Pittingsbildung. Der Widerstand der Zahnflanke gegen *Abriebverschleiß* steigt mit dem

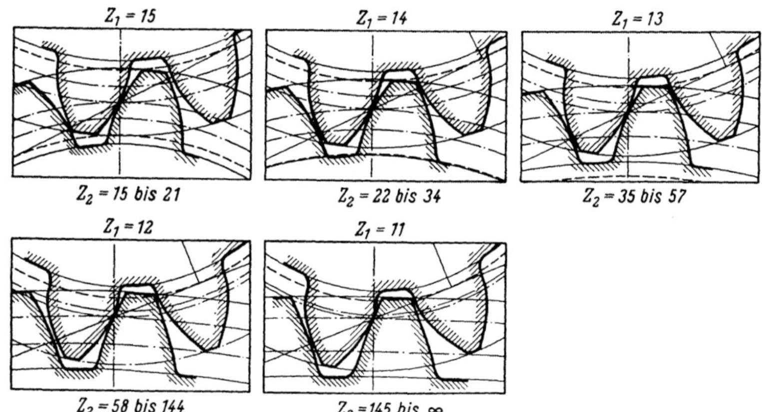

Abb. 82. Einfluß der Zahnkorrektur auf die Zahnflankenfestigkeit. Diese braucht nicht geprüft zu werden, wenn die kritischen Zähnezahlen nicht unterschritten werden

$$\text{Zahnlast } P = c \cdot \sigma \cdot b \cdot m = \frac{Md}{0{,}47 \cdot m \cdot z} \quad [\text{kp}]$$

Md = Drehmoment in kp/cm; $0{,}47 \cdot m \cdot z$ = Grundkreisradius in cm; σ = max. Spannung im Zahnfuß; $\sigma_{zul} = 1500 \cdots 3000$ kpcm²,; c = Zahnformwert (s. Tabelle); b = Zahnbreite in cm; m = Werkzeugmodul in cm

z	11	13	15	17	19	22	30	50	∞
c	0,39	0,40	0,41	0,42	0,43	0,44	0,45	0,46	0,47

Quadrat der Brinellhärte an (Abb. 2, S. 5). Die zulässige Flankenbelastung (Zahnkraft) für Verzahnungen mit einem Eingriffswinkel $\alpha = 20°$ ist dann

$$P = 4{,}7 \, \tau_{zul}^2 \, b \, d_1 \cdot \frac{i}{i \pm 1} \cdot 10^{-6} \ (\text{kp})$$

Hierin ist: τ_{zul} zulässige Schubspannung in kp/cm² (Abb. 81); b Zahnbreite in cm; d_1 Wälzkreis-$\varnothing$ des Rades in cm; i Übersetzungsverhältnis Rad : Ritzel. Das Pluszeichen gilt für Außen-, das Minuszeichen für Innenverzahnung.

Die *Pittingsbildung* kann vermieden werden, wenn das Maximum der Schubspannung in die gehärtete Zone fällt (s. Abschn. 1c), d. h. wenn eine ausreichende Einhärtung vorhanden ist.

Abb.. 83. Beidflankenhärtung eines geteilten Zahnkranzes auf einer Zahnradhärtemaschine. $z = 235$, $m = 34$, $Da = 8000$ mm, $b = 300$ mm

Der Widerstand P gegen *Biegung und Stoß* ist nach Abb. 82 zu berechnen, wobei $\sigma = \sigma_{d\,zul}$ aus Abb. 81 entnommen wird. P kann durch eine Korrektur der Verzahnung, die aber nur bei Ritzeln mit kleinen Zähnezahlen wirksam ist, und durch Mithärten des Zahngrundes erhöht werden.

Die Beidflankenhärtung ist einfach durchzuführen bei Verzahnungen ab Modul 6. Der Verzug ist so gering, daß im allgemeinen auf ein Schleifen verzichtet werden kann. Das erleichtert die Anwendung dieses Verfahrens bei Zahnrädern sehr großerAbmessungen (Abb. 83)

In kleinen Stückzahlen kann die Härtung auf einer Senkrecht-Härtemaschine, wie sie auch für die Umlaufvorschubhärtung von Wellen benutzt wird, durchgeführt werden (Abb. 83). Bei größeren Stückzahlen ist es jedoch zweckmäßig, den Härtevorgang zu automatisieren, zumal der Arbeitsvorgang: Anwärmen am Zahnanfang; — Vorschubhärten über

Abb. 84. Härteautomat für die Beidflankenhärtung von Kettenrädern und die Zahngrundhärtung von Stirn- und Kegelrädern

die Zahnflanke; — Beschleunigen am Zahnende; — Nachkühlen; — Abheben des Brenners und Teilen des Zahnrades, sich so oft wiederholt, wie Zähne am Zahnrad vorhanden sind. Der Arbeitsablauf wird bei dem Zahnradhärteautomaten ZV (Abb. 84) in eine leicht auswechselbare Steuerkurve gelegt, die nur abhängig ist von der zu härtenden Zahnbreite. Eine Mengenmeßanlage erleichtert die sorgfältige Einstellung des Brenners. Die Beidflankenhärtung hat sich bewährt bei all den Zahnrädern, die als ungehärtete Zahnräder berechnet wurden und daher eine ausreichende Zahnfußfestigkeit zur Aufnahme der auftretenden Stoß- und Biegebeanspruchungen besitzen.

Soll dagegen aus Gründen der Zeit und Kostenersparnis ein bisher schon im Einsatz gehärtetes Rad auf Brennhärtung umgestellt werden, so ist im allgemeinen die Zahngrundhärtung notwendig. Durch die Mithärtung des Zahngrundes entstehen dort Druckvorspannungen, die durch die auftretenden Biegebeanspruchungen zunächst abgebaut werden müssen, bevor die Biegespannung selbst wirksam werden kann. Die Mithärtung des Zahngrundes ergibt eine Erhöhung der Dauerfestigkeit um etwa 30%.

Die Zahngrundhärtung kann im Einzelzahnverfahren mit entsprechend geformten Profilbrennern erst ab Modul 10 durchgeführt werden. Für kleinere Teilungen wurde die Umlaufhärtung entwickelt. Hier wird die zu härtende Verzahnung des Zahnrades zwischen zwei oder mehreren Brennermundstücken auf Härtetemperatur erwärmt. Sobald im Kopfkreis Härtetemperatur erreicht ist, wird mit Hilfe des Milliskopes automatisch die Brennerleistung gedrosselt, so daß der Wärme Gelegenheit gegeben wird, bis zum Zahnfußkreis durchzudringen ohne Überhitzung des Zahnkopfes (Abb. 85). Nachdem auch im Zahnfußkreis Härtetemperatur erreicht ist, wird das erwärmte Zahnrad in das darunterliegende Ölbad getaucht und abgeschreckt. Bei Verwendung von Cr Mo- oder Cr V-Stählen ergeben die so gehärteten Zahnräder Festigkeitswerte, die denen einsatzgehärteter Räder nicht nachstehen. Auf den Zahnflanken wird eine Härte von $58 \pm 2\ RC$, im Zahnfußkreis eine solche von $48 \pm 3\ RC$ erzielt.

Abb. 86 zeigt die Abhängigkeit der verschiedenen Härteverfahren von der Form der zu härtenden Zahnräder. Man

Abb. 85. Zahnradumlauf-Härtemaschine mit Programmsteuerung

Zahnradform		Verzahnungsart	Beidflankenhärtung	Zahnlückenhärtung	Zahngrundhärtung	Umlaufhärtung
	Stirnrad	grad	schwarz	schwarz	schwarz	schwarz
		schräg	schwarz	schwarz	schwarz	schwarz
	Pfeilrad	echt	schwarz	punktiert	weiß	schwarz
		unecht	schwarz	punktiert	schwarz	schwarz
	Innenverzahnung		schwarz	punktiert	punktiert	schwarz
	Kegelrad	grad	schwarz	schwarz	schwarz	schwarz
		schräg	schwarz	schwarz	schwarz	schwarz
		spiral	punktiert	weiß	weiß	schwarz
	Schneckenrad		punktiert	weiß	weiß	schwarz
	Schnecke		schwarz	weiß	weiß	schwarz
	Zahnstange	grad	schwarz	schwarz	punktiert	weiß
		schräg	schwarz	schwarz	punktiert	weiß

Abb. 86. Einfluß der Zahnradform auf die Anwendungsmöglichkeit der verschiedenen Zahnradhärteverfahren

schwarz = geeignet; punktiert = bedingt geeignet; weiß = ungeeignet

erkennt, daß die Umlaufhärtung für alle vorkommenden Verzahnungsarten geeignet ist. Nur Zahnstangen lassen sich verständlicherweise nach diesem Verfahren nicht behandeln.

Auf Grund der Vorzüge, die dieses Verfahren für eine schnelle und saubere Zahnradhärtung besitzt, wird der Anwendungsbereich immer weiter ausgedehnt, so daß heute bereits Zahnräder bis Modul 12 im Umlaufverfahren gehärtet werden. Es stehen Maschinen zur Verfügung für Abmessungen bis zu 1500 $\varnothing$ und 300 mm Zahnbreite.

Der Anschlußwert der Zahnradhärtemaschinen ist bei der Einzelzahnhärtung naturgemäß gering. Im Umlaufverfahren können dagegen wesentlich höhere Leistungen erforderlich werden, je nach den zu härtenden Abmessungen.

Die Beidflankenhärtung wird heute angewandt für große Antriebe im allgemeinen Maschinenbau, für das Härten vom Kammwalzen (Abb. 87), das Härten von Triebkränzen für Zahnradbahnen (Abb. 88), die Umlaufhärtung für Werkzeugmaschinengetriebe, für Kran- und Windenantriebe, für Schleppergetriebe, Getriebe von Straßenbaumaschinen aller Art und hat sich für diese Anwendungsgebiete seit vielen Jahren bestens bewährt.

Abb. 87. Maschine für das Härten von Kammwalzen
bis 1200 mm Durchmesser und 16 t Stückgewicht

Abb. 88. Beidflankenhärtung
von Triebzahnkränzen für Zahnradbahnen

Abb. 89. Transferstraße für das Härten von Kettenhgliedern

73. Gleiskettenfahrzeuge. Die Gleisketten der Baumaschinen unterliegen allerstärkstem Verschleiß, da sie nicht geschmiert werden können und dem ständigen Angriff von Staub, Sand und Asche ausgesetzt sind. Bei Kettengliedern müssen daher die *Bohrungen*, die *Nocken* und die *Rollerlaufbahn* gehärtet werden. Das geschieht in einer Transferstraße (Abb. 89) auf verschiedenen Stationen gleichzeitig. Auf der ersten Station wird das zu härtende Ketten-

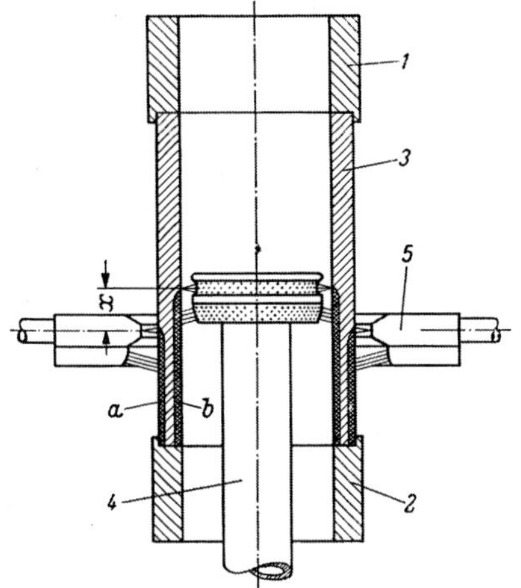

Abmessungen	d_a		mm	39,6	66,5	66,5
	d_i		mm	25,7	45,0	45,0
	l		mm	81,9	180,0	180,0
Werkstoff				C 45	Ck 45	Ck 60
Anschlußwert	Leuchtgas		Nm³/h	11,0	34,0	34,5
	O_2		Nm³/h	6,4	27,6	27,1
Zeiten	Anw. Härten	t_a	s	3	7	4
		t_h	s	24	32	41
		$t_{ges.}$	s	40	80	85
Energie-Verbrauch	Leuchtgas		l/Stck	88,7	480	500
	O_2		l/Stck	52,65	370	395
Härte			RC	56+58	57+60	64+66
Härtetiefe			mm	2,0	1,5	2,5

Abb. 90. Das gleichzeitige Innen- und Außenhärten von Kettenbüchsen ist möglich ab 25 mm Innendurchmesser und 7 mm Wandstärke

1 Buchsenaufnahme; *2* Buchsenaufnahme; *3* Buchse; *4* Pilz-Büschelbrenner; *5* Segmentbrenner; *a* Härteschicht außen; *b* Härteschicht innen

glied mit Hilfe einer Vorrichtung aufgelegt und ausgerichtet. Auf der zweiten fahren in die zu härtenden Bohrungen von beiden Seiten je zwei Pilzbrenner ein und härten dann die hintereinander liegenden Bohrungen von der Mitte nach außen. Auf der dritten Station werden die beiden Nocken mit Hilfe von Aufsatzbrennern erwärmt. Ist die Erwärmungszeit abge-

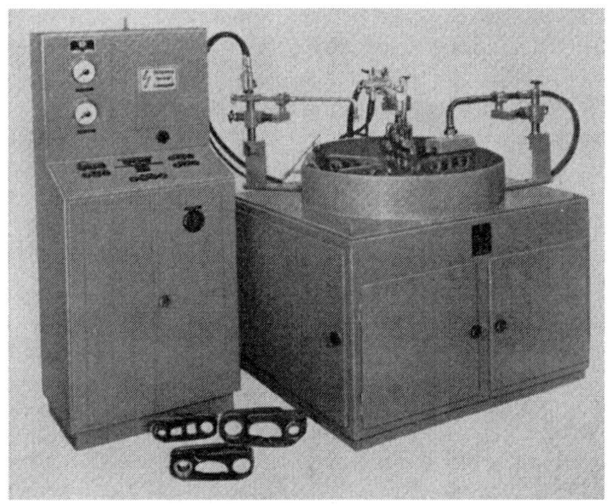

Abb. 91. Kettenglied-Härteautomat

alufen, werden die Brenner automatisch abgehoben und durch die Brausen ersetzt. Auf der vierten Station wird die Rollerlaufbahn im Vorschubverfahren gehärtet. Auf der fünften Station schließlich werden die fertiggehärteten Kettenglieder abgenommen. Sämtliche Härtestationen sind durch Fotozellen so verriegelt, daß das Weiterschalten der Transferstraße erst erfolgen kann, wenn sämtliche Brenner das Werkstück freigegeben haben. Mit Hilfe dieser Transferstraße konnte die Härtezeit je Kettenglied von 2···3 Stunden auf höchstens 5 Minuten ermäßigt werden.

Zur Betriebskontrolle ist jeder Brenner mit Durchflußmengenmessern für Gas und Sauerstoff versehen, so daß die Umstellung von einer Kettengliedtype auf die andere in kurzer Zeit möglich ist und stets gleichmäßige Ergebnisse gesichert werden.

Die Kettenglieder werden durch Bolzen und Büchsen miteinander verbunden. Das Härten der Bolzen kann bei kleinen Stückzahlen oder großen Längen im Umlaufvorschubverfahren auf einer Senkrecht-Härtemaschine, bei großen Stückzahlen und kleinen Längen im Umlaufverfahren auf Automaten erfolgen. Die Büchsen werden auf einer Senkrecht-Härtemaschine innen und außen gleichzeitig gehärtet (Abb. 90).

Die Kettenglieder können einzeln oder paarweise gemeinsam gehärtet werden, sodaß auf einem Automaten (Abb. 91) eine Leistung bis 120 Stück je Stunde erzielt werden kann.

Abb. 92. Härten von Kettenrädern. Der Brenner oben härtet die Zahnlücken, der Brenner vorn die Seitenflächen

Angetrieben werden die Gleisketten durch Kettenräder, die auf dem Zahnrad-Härteautomaten Abb. 92 gehärtet werden, Wegen der erforderlichen großen Einhärtetiefe werden die Kettenräder zweckmäßig aus legiertem Stahlguß GS 42 Cr Mo 4 angefertigt.

Die Leit- und Laufrollen wurden ursprünglich im Schlupfverfahren gehärtet. Nachdem die hierbei erzielbare Einhärtetiefe trotz Verwendung legierter Stähle sich noch nicht als ausreichend erwies, wurde die Umstellung auf Umlaufhärtung vorgenommen (Abb. 15, S. 15).

Die Stege der Bodenplatten werden an den Flanken, ähnlich wie ein Zahnrad, im Vorschubverfahren gehärtet. Zur Zeitersparnis werden zwei Werkstücke gleichzeitig auf einer Senkrecht-Härtemaschine gemäß Abb. 61 (S. 50) gehärtet.

Zusammenfassung

Die Anwendbarkeit des Brennhärtens hängt ab von der Form der zu härtenden Oberfläche. Bei geeigneter Formgebung können bedeutende wirtschaftliche Ersparnisse gegenüber der Einsatzhärtung erzielt werden, sowohl hinsichtlich des Zeitaufwandes, als auch der Fertigungskosten. Für Einzel- und Serienfertigung stehen geeignete Maschinen in großer Auswahl zur Verfügung, die sich in vieljährigem Betrieb bewährt haben.

In vielen Fällen bringt die Verwendung unlegierter Werkstoffe eine weitere Kostenersparnis. Für große Werkstücke und große Einhärtetiefen ist jedoch auch beim Brennhärten die Verwendung legierter Stähle notwendig.

Für die laufende Betriebskontrolle haben sich Mengenmesser für Gas und Sauerstoff, für die Steuerung des Härtevorganges selbst in Abhängigkeit von der Härtetemperatur das Milliskop bewährt.

Viele der beschriebenen Brenner, Maschinen und Arbeitsmethoden sind durch Patente geschützt. Der zur Verfügung stehende Raum verbietet eine Aufzählung auch nur der wichtigsten.

Shmuel M. Avital
Sara J. Shettleworth

Ziele des Mathematikunterrichts —
Ideen für den Lehrer

Shmuel M. Avital

Sara J. Shettleworth

Ziele des Mathematikunterrichts – Ideen für den Lehrer

Friedr. Vieweg & Sohn   Braunschweig/Wiesbaden

CIP-Kurztitelaufnahme der Deutschen Bibliothek

Avital, Shmuel M.:
Ziele des Mathematikunterrichts: Ideen für d.
Lehrer/Shmuel M. Avital; Sara J. Shettleworth.
[Übers.: Karl Heidenreich]. — Braunschweig;
Wiesbaden: Vieweg, 1983.
  Einheitssacht.: Objectives for mathematics
  learning (dt.)
ISBN-13: 978-3-528-08515-5   e-ISBN-13: 978-3-322-84390-6
DOI: 10.1007/978-3-322-84390-6

NE: Shettleworth, Sara J.:

Titel der englischen Originalausgabe:
Objectives for Mathematics Learning
Some Ideas for the Teacher

© The Ontario Institute for Studies in Education 1968
Übersetzung: Karl Heidenreich, Reutlingen

1983

Geleitwort

Jeder engagierte Lehrer wird für neue Methoden aufgeschlossen sein, die eine Kontrolle und Steuerung des Unterrichts auf bessere Lernergebnisse hin versprechen. Daher ist es verständlich, daß Konzepte zur „Lernzielorientierung" und „Operationalisierung" des Unterrichts, die in den sechziger Jahren in den USA entwickelt wurden und sich Anfang der siebziger Jahre schnell auch in Europa ausgebreitet haben, auf sehr großes Interesse gestoßen sind. Wie viele didaktische Neuansätze ist auch die Lernzielorientierung weit übertrieben worden und hat zu Fehlentwicklungen geführt, die den Mathematikunterricht und die Lehrerausbildung teilweise noch heute belasten: inhaltsleere, aufwendige Formalismen zur Aufspaltung von Grobzielen in Fein- und Feinstlernziele erdrücken die Eigendynamik und die Substanz des mathematischen Lernstoffes, höhere Lernziele, die der Operationalisierung nicht zugänglich sind, werden von leicht operationalisierbaren Techniken in den Hintergrund gedrängt.

Die vorliegende Übersetzung, im englischen Original 1968 erschienen, ist eine der ganz wenigen Publikationen aus dieser Zeit, die sich von der allgemeinen Modeströmung kritisch abgesetzt haben, und zeugt so für die gesunde didaktische Intuition der Autoren. Professor Shmuel Avital, ein international anerkannter Mathematikdidaktiker, hat sich in seinen Arbeiten hauptsächlich mit der Frage beschäftigt, wie man mathematische Aktivitäten von Schülern anregen kann. Das für die Hand des Lehrers verfaßte Buch ist von diesem Ansatz durchdrungen und stellt somit eine interessante Synthese von Problem- und Lernzielorientierung dar, von der ich eine Auflockerung der manchmal etwas verhärteten Diskussion über diese Themen erhoffe.

Dortmund, im Juli 1982

Erich Wittmann

Aus der Einleitung der Originalausgabe

Diese Monographie handelt von den Zielen des Mathematikunterrichts, und zwar vorwiegend für die Sekundarstufen I und II. Es wird versucht, ein Modell für die Leistungsniveaus darzustellen, die den Grad des Verstehens genauer beschreiben, der von Schülern bei der Bewältigung unterschiedlicher mathematischer Aufgaben erwartet wird. Wir hoffen, daß der Lehrer das Modell dazu verwenden wird, spezielle Lernziele für jeden Unterrichtsinhalt zu konstruieren. Er erreicht damit nicht nur Vertrautheit mit den Begriffen und Sprechweisen der neuen Lehrgänge für Mathematik, sondern auch Problemlösefähigkeit auf höherem Niveau.

Die Monographie entstand aus der Dissertation des einen Autors (Avital), "Higher Level Thinking in Secondary School Students' Attainment in Mathematics", die im Jahr 1967 an der Universität Toronto eingereicht wurde. Der Beitrag der Koautorin (Shettleworth) bestand darin, die Ideen und Beispiele zu klären und in eine für Lehrer hilfreichere Form zu bringen.

Die im Text enthaltenen mathematischen Aufgaben wurden während einer 24jährigen Unterrichtstätigkeit an höheren Schulen gesammelt. Manche Aufgaben sind selbst erfunden, die anderen stammen aus verschiedenen Quellen, von denen einige in der Bibliographie erwähnt sind. Es ist unmöglich, für jede einzelne Aufgabe die genaue Quelle anzugeben.

Wir hoffen aufrichtig, daß diese Monographie dazu beiträgt, das Lehren und Lernen der Mathematik, der Königin und Dienerin der Wissenschaften, zu verbessern.

Inhaltsverzeichnis

1 Gründe für eine Taxonomie mathematischer Lernziele

1.1 Das Curriculum im Wandel

Das mathematische Curriculum befindet sich gegenwärtig im Umbruch. In der ganzen Welt werden Lehrpläne, Lehrgänge und Methoden des Unterrichts und der Darbietung fortlaufend verändert, überarbeitet und neu entworfen. Themen, die gewöhnlich in höheren Klassenstufen unterrichtet wurden, werden unteren Klassenstufen zugeordnet, und neue Themen, mit denen man sich früher nur an der Universität beschäftigt hat, werden in den Lehrplan der Schule eingeführt.

Die wichtigsten Fragen, die sich aus diesem Vorgang ergeben, sind: Was sind die Ziele dieser Veränderungen, wie werden diese Ziele erreicht, wie können wir uns vergewissern, ob diese Ziele erreicht wurden? Diese Fragen beziehen sich sowohl auf allgemeine als auch spezielle Erziehungsziele, auf den Unterricht, der sich an diesen Zielen orientiert, und auf die Evaluation dieses Unterrichts.

1.2 Allgemeine Erziehungsziele

Die Wahl der Lernziele für den Mathematikunterricht wird durch viele Faktoren beeinflußt. Zuerst werden allgemeine Erziehungsziele formuliert. Diese betreffen die Ergebnisse des Schulunterrichts, die unter gesellschaftlichen oder persönlichen Aspekten als wünschenswert betrachtet werden. Sie haben ihren Ursprung in der Weltanschauung und dem kulturellen Hintergrund der für die Planung des Erziehungswesens Verantwortlichen.

In einer Arbeit wie der vorliegenden, in der ein System von Lernzielen speziell für den Mathematikunterricht dargestellt wird, sollen die zugrundeliegenden allgemeinen Erziehungsziele zu Beginn deutlich angegeben werden. Wir setzen mit *J. S. Bruner* voraus, daß es „das Ziel des Lernens ist, Wissen im Zusammenhang eines Beziehungsgefüges zu erwerben, das es erlaubt, dieses Wissen produktiv einzusetzen" (1959, S. 189). Anders gesagt sollte ein Bestand an Wissen, wie er in der Schule vermittelt wird, nicht nur als eine Grundlage für das Erlernen neuer Inhalte dienen, sondern auch als „produktives Wissen" [„generative learning"], das einen in die Lage versetzt, über das Gelernte hinauszugehen. Diese Art des Wissens umfaßt die Fähigkeit, neue Zusammenhänge und Beziehungen innerhalb des gelernten Stoffes und zwischen dem gelernten

Stoff und anderen Gebieten zu sehen. Darüber hinaus machen wir folgende Annahme: Wenn Mathematik sinnvoll gelernt und behalten werden soll, muß der Unterricht methodisch jeweils dem Weg der historischen Entwicklung des betreffenden Gebietes folgen. Auf diesem ergaben sich neue Entdeckungen und Verallgemeinerungen aus Versuchen, Probleme zu lösen, die im Kontext des bereits Bekannten formuliert waren. Diese Annahme bedeutet für den Schulunterricht: der Schüler muß immer wieder versuchen, Probleme zu lösen, die an das bereits Gelernte anknüpfen, aber darüber hinaus gehen [genetisches Prinzip].

1.3 Allgemeinen Lernziele des Mathematikunterrichts

Die allgemeinen Ziele des Mathematikunterrichts werden oft im Hinblick auf praktischen Nutzen formuliert. Wheeler (1963) führt allgemeine Ziele an wie: 1. Anwendung im Alltag, 2. Verwendung als Werkzeug in anderen Wissenschaften und 3. Einübung in das logische Denken.

Wir gehen davon aus, daß die Mathematik neben ihrem praktischen Wert, der sicherlich nicht grenzenlos ist, in sich selbst den Wert für die Beschäftigung mit ihr trägt und keiner Rechtfertigung von außen bedarf. Unter diesem Gesichtspunkt ist die Wertschätzung der Mathematik ebensosehr Teil eines erfüllten Lebens wie die Wertschätzung von Musik oder Literatur. So wie in der Schule Aufsatzkunde unterrichtet wird, als Folge und mit dem Ziel einer hohen Einschätzung der Literatur, und Musik unterrichtet wird im Hinblick auf einen späteren musikalischen Kunstgenuß, so sollten auch einige Gebiete der Mathematik auf Grund ihres intrinsischen Wertes in allen Klassenstufen des Lehrplans der Sekundarstufe enthalten sein.

Der wichtigste Teil der Lernerfahrung ist echte Begegnung mit lebendiger Mathematik, d.h. mit den Methoden, durch welche sie vom Einfachsten zum Kompliziertesten entwickelt wird. Nur in einer derartigen Begegnung können die Schüler in sinnvoller Weise die Struktur und die Eigenart des Faches kennenlernen. Eines der Hauptziele der neuen Lehrpläne für Mathematik ist es, den Schülern mehr Gelegenheiten zu geben, bei der logischen Formulierung und Ableitung mathematischer Begriffe mitzuwirken. Zu den möglichen Ergebnissen einer solchen Mitwirkung gehört das Erreichen einiger der Lernziele für den Mathematikunterricht, die vom Cambridge Committee on School Mathematics (1963) formuliert wurden: Der Schüler soll 1. Vertrauen in seine eigenen analytischen Fähigkeiten gewinnen, 2. die Genauigkeit der Kommunikation, wie sie durch mathematische Symbolsysteme geleistet wird, wertschätzen lernen und 3. Ansätze zu einem Verständnis der Reichweite und Grenzen der Mathematik entwickeln.

1.4 Spezielle Lernziele und Evaluation

Die Voraussetzungen, die zu der Formulierung allgemeiner Erziehungsziele führen, haben ihrerseits Auswirkungen auf die Wahl der Inhalte, die in den Lehrplan aufgenommen werden sollen. Wenn es z.B. ein allgemeines Lernziel ist, daß der Schüler Ansätze zu einem Verständnis der Reichweite und Grenzen der Mathematik entwickelt, dann könnte eines der Themen des Lehrplans lauten: Gelöste und ungelöste Probleme der Zahlentheorie. (Zahlentheorie hat die Eigenheit, daß man in ihr sehr leicht Probleme formulieren kann, die außerordentlich schwer zu lösen sind.)

Die zu lehrenden Inhalte (z.B. Zinsrechnung oder Faktorzerlegung von Polynomen), wie sie in einem Lehrplan aufgeführt werden, müssen jedoch sorgfältig von den Zielen unterschieden werden, die mit der Darbietung dieser Inhalte verfolgt werden. Damit die Formulierung von Lernzielen ein brauchbares Werkzeug für den Unterricht ist, müssen die Lernziele sehr genau auf das Verhalten bezogen beschreiben, wozu die Schüler in der Lage sein sollten, nachdem der Lernprozeß stattgefunden hat. Z.B. könnten spezielle Lernziele zum Thema „Faktorzerlegung von Polynomen" verlangen, daß der Schüler in der Lage ist:

(a) festzustellen, wann ein Polynom vollständig faktorisiert ist,

(b) ein reduzibles Polynom zweiten Grades in Faktoren zu zerlegen,

(c) zu erkennen, inwieweit mit Polynomen Primzahlen erzeugt werden können.

Die speziellen Lernziele zum Thema „Grundlegende Eigenschaften des reellen Zahlensystems" könnten verlangen, daß der Schüler in der Lage ist:

(a) die Kommutativ-, Assoziativ- und Distributivgesetze anzugeben,

(b) diese Gesetze für die Vereinfachung algebraischer oder numerischer Terme anzuwenden,

(c) unter Verwendung von Eigenschaften der reellen Zahlen gegebene Sätze zu beweisen,

(d) eine gegebene Menge und eine neue Verknüpfung in dieser Menge zu analysieren, um festzustellen, welche Eigenschaften gelten.

Die Formulierung der Lernziele ist eng verbunden mit der Evaluation. Wenn das Lernziel lautet: „Der Schüler ist in der Lage, Monome und Trinome zu faktorisieren", so gehört dazu irgendeine Art von Test, welcher mißt, ob der Schüler diese Ziele erreicht hat. Wenn das Lernziel lautet: „Der Schüler ist in der Lage, Sätze zu formulieren oder Beweise von Sätzen zu führen, die neu für ihn sind", so ist impliziert, daß der Lehrer auf irgend eine Weise die Fähigkeit des Schülers dies zu tun, beurteilen wird.

1.5 Die Gefahr der Überbetonung von Lernzielen niedrigen Niveaus

Beim Prozeß der Formulierung spezieller Lernziele für irgend ein Fachgebiet tritt als größeres Problem auf, daß die leicht greifbaren und meßbaren Verhaltensweisen überbetont werden und die weniger greifbaren, aber nicht weniger bedeutenden Verhaltensweisen übersehen werden. Mit der Einführung vieler neuer Fassungen der mathematischen Lehrpläne hat sich diese Gefahr erhöht. Der Reichtum formaler Definitionen und der Überfluß neuer Begriffe in den neuen Lehrplänen kann den Lehrer dazu verführen, nur einfaches Behalten und Begreifen zu betonen und Aufgaben zu vernachlässigen, in denen die fruchtbare Kraft und Genauigkeit dieser Begriffe und Definitionen zum Tragen kommen. Der Lehrer steht in der Versuchung zu glauben, daß seine Schüler „richtige Mathematik treiben", wenn sie Bezeichnungs- und Sprechweisen beherrschen, während in Wirklichkeit das eigentliche Ziel des Mathematikunterrichts in der Fähigkeit liegt, mathematische Methoden auf neue Situationen anzuwenden. Es ist vielleicht wichtig für den Schüler, die Menge der Primzahlen durch $\{x \mid x \in \mathbb{N};\ x$ hat genau zwei Teiler, nämlich 1 und x selbst$\}$ definieren zu können. Aber er zeigt ein tieferes Verständnis des Begriffes Primzahl, wenn er herleiten kann, daß die Menge $\{y \mid y = n^2 - 1;\ n \in \mathbb{N}\}$ höchstens eine Primzahl enthält.

1.6 Die Unbestimmtheit von „Verständnis"

Wann immer Erzieher betonen wollen, daß sie sich um mehr als bloß routinemäßiges Lernen bemühen, behaupten sie, daß sie versuchen, im Unterricht „Verständnis" zu wecken. Es ist offensichtlich, daß in fast jedem Fall mehr als ein Niveau von „Verständnis" möglich ist. Ein Schüler, der weiß, daß $ax + b = c$ mit $a \neq 0$ äquivalent zu $x = \dfrac{c - b}{a}$ ist, hat einiges „Verständnis" von Gleichungen. Ein Schüler jedoch, der die Zahl der Lösungen in verschiedenen Fällen wie: $a = 0,\ c - b \neq 0$ und $a = 0,\ c - b = 0$ finden kann, hat einen größeren Grad von „Verständnis". Ebenso hat ein Schüler, dem die Begriffe „Abstand zwischen einem Punkt und einer Geraden" und „Abstand zwischen parallelen Geraden" beigebracht worden sind, und der die drei Höhen eines Dreiecks finden kann, sicherlich einiges „Verständnis" gezeigt. Wenn derselbe Schüler in der Lage ist, diese Begriffe zu benützen, um die Zahl der Geraden in einer Ebene zu entdecken, die von drei gegebenen, nicht kollinearen Punkten gleichen Abstand haben, zeigt er ein noch höheres Niveau von „Verständnis". Der unbestimmte Ausdruck „Verständnis" ist viel zu umfassend und birgt die Gefahr der Beschränkung auf niedrigere Niveaus, so daß die höheren Leistungsniveaus außer acht gelassen werden.

Der Lehrer mag der Ansicht sein, daß für einige Schüler oder in gewissen Phasen des Unterrichts nur ein niedriges Niveau von „Verständnis" als angemessenes Ziel in Frage kommt. Jedoch sollte er auch in diesem Fall nach Wegen suchen, wie er seine Schüler für ein tieferes Verständnis des Stoffes in einem späteren Stadium ihrer Entwicklung vorbereiten kann.

1.7 Die Notwendigkeit eines Modells für die Lernzielbestimmung

Aus diesen Überlegungen folgt klar die Notwendigkeit eines umfassenden Modells oder einer ausführlichen Beschreibung der Niveaus mathematischer Leistung vom niedrigsten bis zum höchsten, so daß der Lehrer auf dieser Grundlage seine Lehrziele aufstellen kann. Die Verfügbarkeit eines solchen Modells würde dem Lehrer helfen, die von seinen Schülern erreichten Niveaus mathematischer Leistung zu bestimmen und seine Lehrziele so zu planen, daß entsprechend dem Alter und den Fähigkeiten seiner Schüler die volle Breite mathematischer Leistung enthalten ist.

Ein derartiges, umfassendes Modell ist mit der *Taxonomie von Lernzielen* verfügbar, die von *B. S. Bloom* und seinen Mitarbeitern ausgearbeitet wurde (1956). Die Taxonomie von Bloom geht von einer Klassifikation der Lernziele in sechs größere Kategorien oder Niveaus aus: *Wissen* [knowledge], *Verstehen* [comprehension], *Anwendung* [application], *Analyse* [analysis], *Synthese* [synthesis] und *Bewertung* [evaluation]. Dabei wird eine Rangfolge dieser Lernziele vorausgesetzt derart, daß Leistung bezüglich eines Gegenstandes in einer bestimmten Kategorie die Beherrschung des entsprechenden Lehrstoffs in den niederen Kategorien voraussetzt.

Die Bedeutung der Taxonomie von Bloom besteht hauptsächlich in folgender Tatsache: Sie umfaßt ein breites Leistungsspektrum von den außerordentlich beschränkten Aufgaben der wörtlichen Wiederholung von Inhalten bis hin zu den in hohem Maße schöpferischen Aufgaben, in denen der Lernende den gelernten Stoff neu zusammensetzt, um neue, sich vom bereits Gelernten erheblich unterscheidende Ergebnisse hervorzubringen.

Die Verfasser der Bloomschen Taxonomie beschreiben ihre Hauptkategorien mit sehr allgemeinen Ausdrücken und liefern auch eine große Zahl von Beispielen, wie Leistungen der jeweiligen Kategorie zu messen sind. Sie gehen davon aus, daß die allgemeinen Kategorien an jedes Fachgebiet derart angepaßt werden müssen, daß sie als Leitfaden für die Konstruktion von Lernzielen in diesem Gebiet benutzt werden können. Aber obwohl die Bloomsche Taxonomie selbst in sehr allgemeinen Ausdrücken beschrieben ist, so daß sie nicht an ein spezielles Fachgebiet gebunden ist, finden sich unter den zahlreichen Beispielen nur sehr wenige aus der Mathematik. So haben wir den Eindruck gewonnen, daß eine Anpassung der Bloomschen Taxonomie an das

Fach Mathematik ihren möglichen Nutzen für den Mathematiklehrer bei der Formulierung und Bewertung von Lernzielen erhöhen würde.

Die vorliegende Monographie beschreibt eine Möglichkeit der hierarchischen Klassifikation mathematischer Lernziele, die auf den Hauptkategorien der Taxonomie von Bloom aufbaut, aber in mancher Hinsicht angepaßt wurde, um die Niveaus mathematischer Leistung genauer zu beschreiben.

2 Eine Taxonomie mathematischer Lernziele

2.1 Niveaus mathematischen Denkens

Unsere erste Aufgabe bei der Aufstellung einer Taxonomie mathematischer Lernziele ist die Feststellung der verschiedenen Niveaus mathematischen Denkens.

Anscheinend gibt es drei solche Niveaus. Am grundlegendsten ist das *Sicherinnern* an oder das *Wiedererkennen* von Lernstoff in der Form, in der unterrichtet wurde. Hinsichtlich des Komplexitätsgrades folgt darauf die unmittelbare Verallgemeinerung oder Übertragung [transfer] vom gelernten Stoff auf einen dazu ähnlichen Stoff; mit Blick auf entsprechende mathematische Leistungen können wir dieses zweite Niveau *algorithmisches Denken* nennen. Es ist dasjenige Niveau, auf dem der Schüler in wohldefinierten Verfahren oder Algorithmen zur Lösung bestimmter Problemklassen unterrichtet wird; er muß ein Verfahren von der besonderen Situation, in der er es gelernt hat, auf eine neue Situation übertragen, die gewöhnlich von der ursprünglichen Situation nicht sehr abweicht. Verhalten auf dem Niveau des algorithmischen Denkens gewinnt in dem Maß an Komplexität, wie der Stoff, auf den der Schüler das Gelernte übertragen muß, vom Stoff der ursprünglichen Lernsituation abweicht.

Wir werden den Ausdruck *Problemlösen* [open search] für das dritte Niveau kognitiver Komplexität verwenden, da er anscheinend am besten die Vorgänge auf diesem höchsten Niveau mathematischen Denkens beschreibt. Um Verhalten auf diesem Niveau handelt es sich, wenn das Vorgehen des Schülers sich nicht auf Operationen und Problemlösungen beschränkt, für die er ein unmittelbares Verfahren gelernt hat. Er kann die Teile eines Problems neu anordnen oder formulieren und zwischen ihnen neue Beziehungen sehen, die zur gesuchten Lösung beitragen. Dieses Niveau ist psychologisch am wenigsten gut beschrieben oder erfaßt, und in der Wissenschaft findet man eine Vielzahl von Namen und Klassifikationen dafür. Es existieren einige Beschreibungen des mathematischen Entdeckungsprozesses von Mathematikern selbst. Poincaré unterschied drei Phasen bei der Lösung eines neuen und schwierigen Problems: Vorbereitung, Inkubation und Illumination. Die meisten anderen Beschreibungen dieses Prozesses, wie sie von Hadamard (1945) in seinem Buch über mathematische Erfindung diskutiert werden, enthalten Illumination oder das plötzliche Auftauchen einer Lösung als die entscheidende Phase mathematischen Denkens auf höherem Niveau. Es scheint jedoch, daß es keine allgemein akzeptierte systematische Theorie der Bedingungen gibt, die zum Auftreten dieser Momente der Illumination führen; dies ist sicherlich ein großer Mangel vom Standpunkt eines Mathematiklehrers aus, der daran interessiert ist, Denken auf höherem Niveau zu fördern. Von einer derartigen Illumination spricht man in der Mathematik nicht nur bei bahnbrechenden Entdeckungen. Ein Kind zeigt vergleichbare Einsicht, wenn es plötzlich erkennt, warum keine Quadratzahl nur mit den Ziffern 2, 3, 7 und 8 geschrieben werden kann, oder wenn es als Drittkläßler plötzlich die Gesetzmäßigkeit einer schwierigen Zahlenfolge durchschaut.

2.2 Die Kategorien der Taxonomie

Ausgehend von den drei oben beschriebenen Denkniveaus unterscheiden wir fünf taxonomische Kategorien mathematischer Lernziele. Die Kategorie *Wissen* entspricht wie in der Bloomschen Taxonomie dem nahezu wörtlichen Sicherinnern und Wiedererkennen. Algorithmisches Denken faßt die nächsten zwei Kategorien der Bloomschen Taxonomie: *Verstehen* und *Anwenden* zusammen und *Problemlösen* enthält die vierte und fünfte Kategorie: *Analyse* und *Synthese*. In der Bloomschen Taxonomie gibt es eine sechste Kategorie: *Bewertung*, die das Leistungsniveau höchster Komplexität darstellen soll; in der Mathematik können wir aber die Bewertungsleistung psychologisch nicht von anderen Leistungsformen trennen. Solche Aufgaben wie die Beurteilung der Korrektheit eines Beweises durch eine innere Analyse der Beweisschritte, die auf Grund ihrer Formulierung in die Kategorie *Bewertung* eingeordnet werden könnten, sind anscheinend ein untrennbarer Teil des Beweisprozesses selbst und gehören deshalb in die Kategorie *Analyse* oder *Synthese*.

Ein Beispiel: Kummer setzte bei seinem Versuch, die große Fermatsche Vermutung (daß $x^n + y^n = z^n$ für natürliches $n > 2$ keine ganzzahlige Lösung außer $x = y = z = 0$ hat) zu beweisen, irrtümlich die eindeutige Faktorzerlegung für algebraische ganze Zahlen voraus. Wer den Beweis kennt, wird die Entdeckung dieses Fehlers wohl kaum auf einem höheren Denkniveau einordnen als Kummers fehlerhaften Beweis selbst.

Somit haben wir drei Denkniveaus und ihnen bzw. ihren Unterteilungen entsprechend fünf Kategorien von Lernzielen bzw. mathematischer Leistung.

Denkprozeß	Taxonomisches Niveau
Wiedererkennen, Sicherinnern	1. Wissen
Algorithmisches Denken, Verallgemeinerung	2. Verstehen 3. Anwenden
Problemlösen	4. Analyse 5. Synthese

Auf den folgenden Seiten beschreiben wir die Tätigkeiten und Denkprozesse, die für jedes Niveau mathematischer Leistung typisch sind, ausführlicher und skizzieren zu jeder Kategorie mathematische Lernziele.

3 Lernen von Begriffen, Verallgemeinerungen und Algorithmen

3.1 Wissen

Wissen ist die niedrigste Kategorie und umfaßt bloße Erinnerung oder Wiedergabe eines Stoffes in genau der Form, in der dieser dargeboten wurde. Zu dieser Kategorie gehören das Auswendiglernen von Fakten, Definitionen, Regeln, Verfahren und Theorien. Wenn vom Schüler jedoch erwartet wird, daß er einen Sachverhalt in eine neue Form übersetzt oder eine Regel wiedererkennt, die anders als in der ursprünglich gelernten Form angegeben wird, so gehört seine Leistung zu einer höheren Kategorie. Es ist klar, daß ein Schüler ohne Kenntnis der erforderlichen Fakten keine Leistungen auf den höheren Niveaus — die ja in irgendeiner Weise die Anwendung von Fakten erfordern — erbringen kann. Somit bewerten wir jedesmal, wenn wir das Erreichen eines höher einzustufenden Lernzieles messen, indirekt auch das Wissen, das notwendig ist, um die betreffende Leistung auf dem höheren Niveau zu erbringen. Trotzdem ist in einigen Fällen möglicherweise ein Schüler in der Lage, eine Leistung höheren Niveaus zu erbringen, ohne daß er die verwendeten Kenntnisse *explizit angeben* kann.

Es folgen nun einige Beispiele aus Lehrplänen der Sekundarstufe zur Kategorie *Wissen*. Es wird dabei vorausgesetzt, daß der Stoff fast genau in der Form dargestellt worden ist, in der ihn der Schüler wiedergeben oder wiedererkennen soll.

Nach einer entsprechenden Unterrichtseinheit soll der Schüler in der Lage sein

(a) die Definition eines stumpfen Winkels anzugeben,

(b) das Verfahren anzugeben, mit dem man einen gegebenen Prozentsatz von einer Zahl berechnet,

(c) den Satz des Pythagoras anzugeben,

(d) das Assoziativ- und Kommutativgesetz für die Addition reeler Zahlen aufzuschreiben,

(e) zu einer gegebenen endlichen Menge die Anzahl der Elemente aufzuschreiben.

Der enge Zusammenhang zwischen der Angabe eines Lernzieles und einem Plan für die Leistungsbewertung [evaluation] ist in diesen Beispielen unmittelbar ersichtlich. Wenn wir den Vordersatz „der Schüler soll in der Lage sein" von jedem der Lernziele entfernen, können wir jeweils den Rest als eine Prüfungsaufgabe benutzen, um festzustellen, ob der Schüler das Lernziel erreicht hat. Um z.B. das Erreichen unseres ersten Lernzieles „der Schüler soll in der Lage sein, die Definition eines stumpfen Winkels anzugeben" zu messen, kann der Lehrer den Schüler einfach auffordern: „Gib die Definition eines stumpfen Winkels an."

Der Leser wird bemerken, daß Lernziele nicht in der Form „der Schüler soll *wissen* ..." angegeben werden, weil Wissen in diesem Sinn sich zumindest auf zwei verschiedene Fähigkeiten beziehen kann: Die Fähigkeit wiederzugeben und die Fähigkeit anzuwenden. Nur die erstere der beiden Fähigkeiten gehört zur Kategorie *Wissen*, während die zweite Fähigkeit sich auf die höheren Niveaus des *Verstehens* und *Anwendens* beziehen kann oder sogar die Fähigkeit zum Problemlösen beinhaltet, welche zu den höchsten Niveaus gehört. Lernziele der Kategorie *Wissen* können — ebenso wie die Lernziele der höheren Kategorien — durch multiple choice-Aufgaben überprüft werden, wie es in den folgenden fünf Beispielen von Lernzielen der Kategorie *Wissen* mit den zugehörigen Testfragen zur Messung des Lernerfolgs gezeigt wird. Es muß dabei im Auge behalten werden, daß *Wissen* im Sinne der Taxonomie von Bloom die Fähigkeit meint, etwas zu wiederholen, das explizit gelehrt worden war. Somit setzt jede Testfrage zum Niveau *Wissen* eine spezielle Art und Weise, wie der betreffende Sachverhalt unterrichtet wurde, voraus.

Lernziel 1
Der Schüler ist in der Lage, wiederzuerkennen, daß aus der Gleichheit zweier Verhältnisse die Gleichheit der Produkte der Innenglieder bzw. der Außenglieder folgt.

Testaufgabe
Wenn $p : q$ und $r : s$ zwei gleiche Verhältnisse mit $q \neq 0$ und $s \neq 0$ sind, dann gilt:

(1) $p = r$ und $q = s$;
(2) $p \cdot r = q \cdot s$;
(3) $p + r = q + s$;
(4) $p - r = q - s$;
(5) $p \cdot s = q \cdot r$.

Lernziel 2
Der Schüler kann die übliche Reihenfolge von Rechenoperationen angeben.

Testaufgabe
Um einen Rechenausdruck, der die Rechenoperationen Addition, Subtraktion, Multiplikation und Division, aber keine Klammern enthält, zu vereinfachen, muß man

(1) erst addieren und subtrahieren, und zwar in der Reihenfolge, in der jede Rechenoperation auftritt, dann multiplizieren und dividieren.

(2) erst addieren, dann multiplizieren, dann subtrahieren, schließlich dividieren, und zwar jeweils in der Reihenfolge, in der die betreffende Rechenoperation auftritt.

(3) erst multiplizieren und dividieren in der Reihenfolge des Auftretens dieser beiden Rechenoperationen, dann addieren und subtrahieren ebenfalls in der Reihenfolge des Auftretens dieser Rechenoperationen.

(4) alle Rechenoperationen in der Reihenfolge des Auftretens von links nach rechts ausführen.

(5) die Rechenoperationen in irgendeiner Reihenfolge ausführen. Gleichgültig, welche Reihenfolge man wählt, man erhält immer das gleiche Ergebnis.

Lernziel 3
Der Schüler ist in der Lage, die natürliche Ordnungsrelation auf der Menge der ganzen Zahlen anzugeben.

Testaufgabe
Gegeben ist $a + b = c$, wobei a, b, c ganze Zahlen sind und a positiv ist. Welche der folgenden Behauptungen ist wahr?

(1) a ist immer größer als c.
(2) a ist immer kleiner als c.
(3) b ist immer kleiner als c.
(4) c ist niemals Null.
(5) $c - a$ ist immer positiv.

Lernziel 4
Der Schüler ist in der Lage, die Eigenschaften der Zahl Null wiederzuerkennen.

Testaufgabe
Welche der folgenden Behauptungen ist *nicht* wahr?

(1) Addiert man Null zu einer Zahl, so ist das Ergebnis immer die ursprüngliche Zahl.
(2) Das Produkt aus Null und einer Zahl ist immer gleich Null.
(3) Subtrahiert man Null von einer Zahl, so erhält man als Differenz immer die ursprüngliche Zahl.
(4) Subtrahiert man eine Zahl von Null, so erhält man als Differenz immer die Gegenzahl der ursprünglichen Zahl.
(5) Dividiert man eine Zahl durch Null, so erhält man als Quotient immer Null.

Lernziel 5
Der Schüler ist in der Lage, die Eigenschaften einer gegebenen Teilmenge der reellen Zahlen anzugeben.

Testaufgabe
Die Menge der nichtnegativen rationalen Zahlen mit den Verknüpfungen
Addition und Multiplikation hat eine der folgenden Eigenschaften:

(1) Sie ist nicht abgeschlossen bzgl. einer dieser Verknüpfungen.
(2) Mehr als eines ihrer Elemente hat kein Inverses bzgl. der Multiplikation.
(3) Die Null ist kein Element dieser Menge.
(4) Das Distributivgesetz der Multiplikation bzgl. der Addition gilt in dieser
    Menge nicht.
(5) Keine der Aussagen (1)–(4) beschreibt eine Eigenschaft der gegebenen
    Menge.

Wir betonen noch einmal, daß bei diesen Beispielen vorausgesetzt wird, daß
der Schüler die Inhalte, die er wiedererkennen oder wiedergeben soll, explizit
gelernt hat.

3.2 Verstehen

Die Kategorien *Verstehen* und *Anwenden* werden durch den psychologischen
Prozeß des Verallgemeinerns oder einfachen Transfers charakterisiert. Der
Unterschied zwischen den beiden Kategorien liegt im Grad der Neuigkeit,
den die neue Situation im Vergleich zu der Situation aufweist, von der der
Begriff [bzw. das Verfahren, die Regel usw.] übertragen oder verallgemeinert
werden muß.
Die Anwendung von Algorithmen wie etwa die schriftlichen Rechenverfahren,
die Angabe von Beispielen zur Illustration von gegebenen Definitionen oder
Sätzen, die Übertragung von Worten in mathematische Symbole und umgekehrt, dies alles sind im Fach Mathematik Fälle von *Verstehen*, vorausgesetzt,
die dabei beteiligten grundlegenden Sätze oder Regeln sind zuvor gelernt
worden, das heißt, sie gehören zur Kategorie *Wissen*.
Besondere Bedeutung kommt in der Mathematik der Fähigkeit zu übersetzen
zu, die Bloom als eine Unterkategorie der Kategorie *Verstehen* aufführt. In
der Mathematik werden vielfach geschriebene oder gesprochene „Symbole
zweiter Ordnung" (abgekürzte Zeichen, die Wortsymbole ersetzen) gebraucht.
Solche Symbole wie etwa das Wurzelzeichen „$\sqrt{}$", das die Rechenoperation
„Ziehen der Quadratwurzel" bezeichnet, oder „x" zur Darstellung einer
Variablen spielen eine grundlegende Rolle im mathematischen Denken. Jedoch
schafft die Existenz einer abkürzenden Symbolik die Gefahr einer bloß rou-
tinemäßigen Handhabung der Symbole. Eine solche Handhabung versagt
schon bei geringfügigen Änderungen der Inhalte, auf die sich die Symbole
beziehen. Es ist die Aufgabe der unter *Verstehen* aufgeführten Lernziele, den
sinnvollen Gebrauch dieser Symbole zu sichern.

Die Betonung eines solchen Verständnisses der mathematischen Symbole ist auch wichtig wegen der Gefahr von Wahrnehmungsfehlern, die ihren Ursprung in Unklarheiten bezüglich der Bedeutung vieler dieser Symbole haben. Man denke hier nur an die wahrnehmungsmäßige Ähnlichkeit von 33; $3 \cdot 3$; 3^3; $(3,3)$; $\frac{3}{3}$; $3,3$. Auch der Fall eines Schülers, der bei der Berechnung von $\frac{\cos \pi}{\cos 2\pi}$ das „cos" im Zähler und im Nenner kürzte, dann mit π kürzte und als Resultat $\frac{1}{2}$ erhielt, ist ein Beispiel für die Verwechslung von wahrnehmungsmäßiger und begrifflicher Verwandtschaft, die als Folge eines mangelhaften Verständnisses für mathematische Symbole auftritt.

Es folgen nun Beispiele für verschiedene Arten von Lernzielen der Kategorie *Verstehen* mit multiple choice-Aufgaben, die zur Messung, inwieweit die Lernziele erreicht wurden, benutzt werden können.

Im Gegensatz zu den Aufgaben der Kategorie *Wissen* muß natürlich für jede der folgenden Aufgaben, wenn sie eine Leistung auf dem Niveau *Verstehen* prüfen soll, vorausgesetzt werden, daß sie dem Schüler nicht schon früher vorgelegt wurde. Andernfalls zeigt er möglicherweise nur, daß er ein spezielles Beispiel auswendig gelernt hat, und das heißt, daß diese Aufgabe für ihn zur Kategorie *Wissen* gehört.

Die ersten beiden Beispiele verlangen vom Schüler die Fähigkeit, konkret gegebenes Material als ein Beispiel eines Begriffes oder einer Operation zu erkennen, den bzw. die er bereits kennengelernt hat. Um das zu leisten, muß er die wesentlichen Merkmale des Begriffes oder der Operation erfaßt haben und diese Merkmale im neuen Material wahrnehmen können.

Lernziel 1
Anwendungen der Assoziativ-, Kommutativ- und Distributivgesetze erkennen.

Testaufgabe
Bei der Addition einer langen Kolonne natürlicher Zahlen faßte Hans zunächst diejenigen Zahlen zusammen, deren Einerstellen sich zu 10 ergänzten, und addierte dann die Ergebnisse. Welche der folgenden Gesetze wandte Hans bei dieser Art des Vorgehens an?

(K) Kommutativgesetz; (A) Assoziativgesetz; (D) Distributivgesetz.

Die richtige Antwort lautet:

(1) Nur K.   (2) Nur K und A.   (3) Nur A.   (4) Nur D und A.   (5) K, A und D.

Lernziel 2
Die Schnittmenge von gegebenen Mengen erkennen.

Testaufgabe
Welche der unter (1) bis (5) angegebenen Mengen ist die Schnittmenge der folgenden beiden Mengen?

(A) Die Menge der über 20 Jahre alten Männer.
(B) Die Menge der unter 30 Jahre alten Frauen.

(1) Die Menge aller Ehepaare.
(2) Die Menge aller Ehepaare, bei denen Mann und Frau beide jünger als 30 sind.
(3) Die Menge aller Ehepaare, bei denen Mann und Frau beide älter als 20 sind.
(4) Die Menge aller Ehepaare, bei denen Mann und Frau beide älter als 20 und jünger als 30 sind.
(5) Die leere Menge.

Die nächsten drei Beispiele in der Kategorie *Verstehen* erfordern die Ausführung eines Verfahrens, von dem vorausgesetzt wird, daß der Schüler es entweder durch die abstrakte Beschreibung des schrittweisen Vorgehens (des Algorithmus) oder anhand konkreter Zahlenbeispiele gelernt hat. Um sein Verständnis des Verfahrens zu zeigen, muß der Schüler in der Lage sein, Beispiele zu bearbeiten, die in der Form den bereits behandelten Beispielen ähneln, aber sich in den Einzelheiten davon unterscheiden.

Lernziel 3
Arithmetische oder algebraische Ausdrücke, die Addition, Subtraktion, Multiplikation, Division und Klammern enthalten können, vereinfachen.

Testaufgabe
Welche der folgenden Zahlen ist gleich dem Zahlenausdruck $8 + 2 \cdot 3 - 8 : 2$?
(1) 11;   (2) 10;   (3) 3;   (4) −3;   (5) 26.

Lernziel 4
Eine gegebene Gleichung in eine äquivalente Gleichung umformen.

Testaufgabe
Die Gleichung $\frac{x-2}{6} - \frac{x-3}{4} = -1$ ist äquivalent zu einer oder mehreren der folgenden Gleichungen:

(A) $4x - 8 - 6x + 18 = -24$;
(B) $2x - 4 - 3x - 9 = -12$;
(C) $\frac{2(x-2) - 3(x-3)}{12} = -1$;
(D) $\frac{4(x-2) - 6(x-3)}{24} = -24$.

Die richtige Antwort lautet:
(1) Nur A und C.   (2) Nur A und D.   (3) Nur B.   (4) Nur C.   (5) Nur B und C.

Lernziel 5
Die Lösungsmenge zu zwei gleichzeitig zu erfüllenden Ungleichungen finden.

Testaufgabe
Welche der Mengen (1) bis (5) ist Lösungsmenge von $\frac{2x-3}{3} < x$, wenn nur natürliche Zahlen kleiner 3 als Lösungen zugelassen sind?

(1) $\{1\}$;   (2) $\{1, 2\}$;   (3) $\{1, 2, 3\}$;   (4) $\{1, 2, 3, 4, 5\}$; (5) Die leere Menge.

Die letzten vier Beispiele für Lernziele in der Kategorie *Verstehen* erfordern die Übersetzung von einem Symbolsystem in ein anderes. Diese Tätigkeit gewinnt in den neuen Mathematiklehrgängen, wo ausführlich Gebrauch von mathematischer Symbolik und Terminologie gemacht wird, große Bedeutung. Aufgaben wie die folgenden prüfen, ob der Schüler die Bedeutung solcher Symbole erfaßt hat.

Lernziel 6
Die Elemente einer Menge, die in „beschreibender Form" gegeben ist, zu erkennen und mit Worten beschreiben.

Testaufgabe
Welche der folgenden Aussagen über die Menge $\{x \mid x \geqslant -4, x \in \mathbb{Z}\}$ ist wahr?

(1) Sie enthält nur negative Zahlen.
(2) Sie enthält -4 nicht.
(3) Sie enthält nur ganze Zahlen größer als -4.
(4) Sie enthält nur 4 negative Zahlen.
(5) Sie enthält alle ganzen Zahlen kleiner als -4.

Lernziel 7
Den in einer Textaufgabe enthaltenen Rechenausdruck aufschreiben.

Testaufgabe
Während der Saison arbeitete ein Junge w Wochen für d DM pro Woche. Er gab in der ganzen Saison a DM aus. Seine Ersparnisse (in DM) waren:

(1) $w + a + d$;   (2) $wa : d$;   (3) $w + a - d$;   (4) $wa - d$;   (5) keiner der Ausdrücke (1)–(4).

Lernziel 8
Die Gleichung zu einem gegebenen Graphen aufschreiben, wobei die gesuchte Gleichung vom Grad 1 ist und Absolutbeträge enthält.

Testaufgabe

Sei x, y $\in$ IR. Welche der folgenden Mengen wird durch den Graphen dargestellt?

(1) $\{(x, y) | y = |x| + 2\}$;
(2) $\{(x, y) | y = |-x + 2|\}$;
(3) $\{(x, y) | y = |x + 2|\}$;
(4) $\{(x, y) | y = |x| - 2\}$;
(5) $\{(x, y) | y = -|x| + 2\}$.

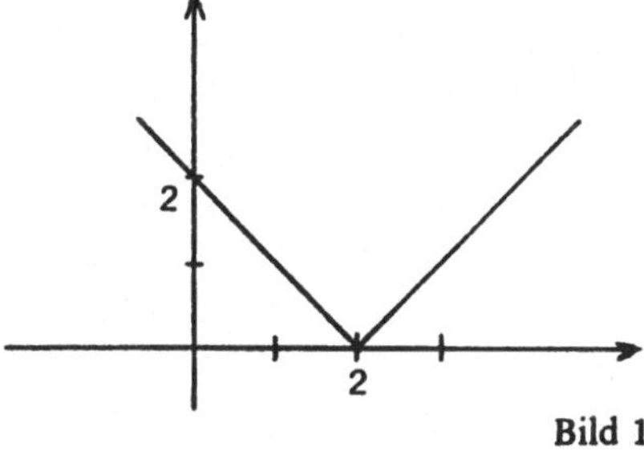
Bild 1

Lernziel 9
Eine algebraische Formel von der sprachlichen in die symbolische Beschreibung und umgekehrt übersetzen.

Wir geben zwei Testfragen an, die das Erreichen dieses Lernziels überprüfen, die erste erfordert die Übersetzung von Worten in Symbole, die zweite umgekehrt das Übersetzen einer algebraischen Formel in Worte.

Testaufgabe 1
Die Aussage „Für alle natürlichen Zahlen gilt: Addiert man zum Produkt zweier aufeinanderfolgender natürlicher Zahlen die größere Zahl, so ist das Ergebnis gleich dem Quadrat der größeren Zahl" kann mit Hilfe von Symbolen ausgedrückt werden in der Form:
Für alle natürlichen Zahlen gilt:

(1) $n^2 + 1 = n \cdot (n - 1) + n + 1$;
(2) $(n + 1)^2 = n^2 + 2n + 1$;
(3) $n^2 = n \cdot (n - 1) + n$;
(4) $(n + 1) \cdot n = n^2 + n$;
(5) $(n - 1)^2 + 2n = n^2 + 1$.

Testaufgabe 2
Welcher der folgenden Sätze ist eine korrekte Wortfassung der Aussage „Für jedes $n \in \mathbb{Z}$ und $n \neq 0$ gilt:

$\frac{n - 1}{n} = 1 - \frac{1}{n}$"?

(1) Der Quotient zweier ganzer Zahlen ist gleich der Differenz, die man erhält, wenn man das Reziproke der zweiten Zahl von 1 subtrahiert.
(2) Der Quotient zweier aufeinanderfolgender ganzer Zahlen ist gleich der Differenz zwischen 1 und dem Reziproken der größeren Zahl.
(3) Der Quotient zweier aufeinanderfolgender ganzer Zahlen ist gleich der Differenz zwische 1 und dem Reziproken der kleineren Zahl.

(4) Das Reziproke einer Zahl ist gleich der Differenz, die man erhält, wenn man das Reziproke der anderen Zahl von 1 subtrahiert.

(5) Keiner der Sätze (1) bis (4) beschreibt die gegebene Aussage richtig.

Lernziele der Kategorie *Verstehen* stehen offensichtlich in enger Beziehung zu Lernzielen der Kategorie *Wissen*. Zum Beispiel prüft die Aufgabe zu Lernziel 2 in Abschnitt 3.1 in der Kategorie *Wissen*, ob der Schüler die richtige Reihenfolge der Rechenoperationen bei der Vereinfachung eines numerischen oder algebraischen Ausdrucks angeben kann. Um jedoch die Testfrage zu Lernziel 3 der Kategorie *Verstehen* richtig zu beantworten, muß er dieses Vorgehen in einem konkreten Fall, den er zum ersten Mal sieht, ausführen. Trotzdem sollte der Lehrer sich bewußt sein, daß ein Schüler sehr wohl in der Lage sein kann, Leistungen auf dem Niveau des *Verstehens* zu erbringen, ohne die zugehörigen Fragen der Kategorie *Wissen* explizit beantworten zu können.

3.3 Anwenden

Bei der Diskussion der Kategorie *Anwenden* ist es außerordentlich wichtig, daß man sich der Tatsache bewußt bleibt, daß die Klassifikation von Lernzielen entsprechend den Kategorien der *Bloom*schen Taxonomie immer durch die Beziehung zwischen der erwarteten Schülerleistung und dem vorhergehenden Unterricht bestimmt ist.

Wie schon erwähnt, gehen wir davon aus, daß derselbe psychologische Prozeß der Verallgemeinerung oder des Transfers sowohl den Leistungen auf dem Niveau *Verstehen* als auch denen auf dem Niveau *Anwenden* zugrunde liegt. Vielleicht ist es wegen dieser Tatsache schwierig, objektive Kriterien für die Unterscheidung zwischen den beiden Kategorien zu formulieren. Der Hauptunterschied liegt im Grad der Neuheit, den die gegebene Aufgabe aus der Sicht des Lernenden aufweist.

Es gibt jedoch einige objektive Merkmale, welche die Einordnung von Problemen in die Kategorie *Anwenden* bewirken. Die Textaufgaben, bei denen der Schüler gelernte Sätze und Prinzipien auf Alltagssituationen anwenden soll, gehören gewöhnlich zur Kategorie *Anwenden*, vorausgesetzt, daß der Schüler nicht einem Problem derselben Form begegnet ist, als er den Satz gelernt hat.

Textaufgaben muß man gewöhnlich in die Kategorie *Anwenden* einordnen, da sie normalerweise mindestens 2 Schritte erfordern: I) Übersetzen der Textaufgabe in mathematische Symbole, II) Umformen der symbolischen Darstellung entsprechend einem früher gelernten Algorithmus. Auch andere Situationen, in denen der Schüler in mehreren Schritten vorgehen muß, wie etwa die sukzessive Anwendung mehrerer früher gelernter Algorithmen, sind Beispiele für die Kategorie *Anwenden*, wenn das Material hinreichend entfernt von früher Gelerntem ist.

Lernziele, die ein Verhalten dieser Kategorie beschreiben, haben im allgemeinen die Form: „Der Schüler ist in der Lage, das gelernte Prinzip bei der Lösung von Problemen anzuwenden, die ihren Ursprung in Alltagssituationen, naturwissenschaftlichen Phänomenen und Beispielen aus anderen Gebieten der Mathematik haben." Der Lehrer kann Lernziele der Kategorie *Anwenden* konkreter formulieren, sobald er einzelne Unterrichtsthemen zu anderen mathematischen Gebieten oder zu außermathematischen Gebieten wie etwa Kinematik, Chemie, Sozialwissenschaften in Beziehung setzt.

Es folgen Beispiele von Testfragen, die Leistung auf dem Niveau *Anwenden* prüfen. Diese Beispiele mögen dazu beitragen, den Unterschied zwischen Lernzielen dieser Kategorie und solchen in der nächst niedrigeren Kategorie *Verstehen* zu klären.

Testaufgabe 1
Die zwei Seiten eines Rechtecks sind a cm bzw. b cm lang. Jede der Seiten wird nun um 10% ihrer ursprünglichen Länge vergrößert. Um wieviel Prozent ändert sich dadurch die Fläche?

(1) 10%;   (2) 11%;   (3) 20%;   (4) 21%;   (5) Ohne Kenntnis der Werte für a und b kann man die Frage nicht beantworten.

Bei dieser Aufgabe setzen wir voraus, daß der Schüler die Formel für den Flächeninhalt eines Rechtecks kennt und eine Größe um einen gegebenen Prozentsatz vergrößern kann. Die Tatsache, daß der Schüler in diesem Problem zwei Algorithmen kombinieren muß, ist ausschlaggebend dafür, daß die Aufgabe dem Niveau *Anwenden* und nicht dem Niveau *Verstehen* zugeordnet wird.

Testaufgabe 2
Die Figur in Bild 2 ist aus einem Quadrat mit der Seitenlänge b und einem Halbkreis, dessen Durchmesser eine Seite des Quadrates ist, zusammengesetzt. Wie groß ist ungefähr das Verhältnis der Fläche des Halbkreises zu der des Quadrates?

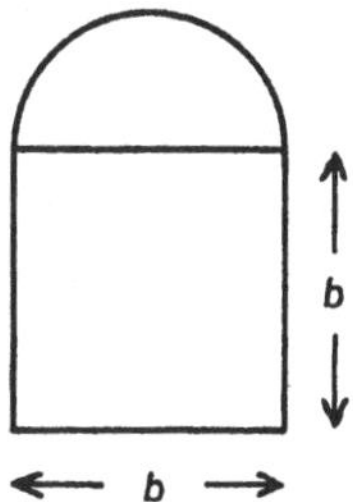

Bild 2

(1) 0,2 : 1;   (2) 0,4 : 1;   (3) 0,8 : 1;   (4) 1,2 : 1;   (5) Das Verhältnis kann aus den gegebenen Daten nicht berechnet werden.

Um diese Aufgabe zu beantworten, muß der Schüler seine Kenntnis der Flächenformeln für ein Quadrat und einen Kreis mit seiner Auffassung vom Begriff Verhältnis und seiner Fähigkeit zur Vereinfachung algebraischer Ausdrücke kombinieren. Also prüft dieses Problem Leistung auf dem Niveau *Anwenden*, weil es vom Schüler verlangt, verschiedene Sätze anzuwenden, die er früher wahrscheinlich nicht in Verbindung miteinander angewandt hat.

Testaufgabe 3
Das Polynom $p^2 - p - 6$ kann zu $(p - 3) \cdot (p + 2)$ faktorisiert werden. Wenn man p durch natürliche Zahlen ersetzt, erhält man gewisse Zahlen. Welche der folgenden Behauptungen trifft auf die Menge dieser Zahlen zu?

(1) Einige Zahlen sind ungerade.
(2) Die Zahl Null tritt nicht auf.
(3) All diese Zahlen sind kleiner als 100.
(4) Keine dieser Zahlen ist eine Primzahl.
(5) Keine der Aussagen (1) bis (4) ist richtig.

Auch dieses Problem prüft wieder Leistung auf dem Niveau *Anwenden*, weil es das Erfassen und Kombinieren von mehreren Begriffen bzw. Sätzen (ungerade Zahlen, Primzahlen, Informationen, die man durch geeignete Einsetzungen erhält) erfordert. Es sollte erwähnt werden, daß der in der Aufgabe selbst enthaltene Hinweis auf die Faktorzerlegung zur Folge hat, daß die Aufgabe dem Niveau *Anwenden* und nicht einer der höheren Kategorien *Analyse* oder *Synthese* zugeordnet wird. Ohne diesen Hinweis auf die Lösungsmethode würde die Aufgabe Problemlösen erfordern.

Testaufgabe 4
Bei einer Probearbeit im Fach Mathematik erhielten in einer bestimmten Klasse zwei Fünftel der Schüler mehr als 80 Punkte. Ein Drittel des Rests erhielt 70 bis 80 Punkte. Der Rest der Klasse erhielt weniger als 70 Punkte. Wie viele Schüler gab es in der Klasse, wenn 12 Schüler weniger als 70 Punkte bekamen?
An dieser Stelle wollen wir versuchen aufzuzeigen, wie der Schüler bei der Lösung dieser etwas verwickelten Textaufgabe vorgehen könnte. Der Weg ist völlig direkt und die algebraischen und numerischen Umformungen sind ziemlich elementar. Für eine erfolgreiche Lösung sind die sorgfältige Interpretation des Textes und die Kombination verschiedener Algorithmen notwendig, sodaß dies Problem dem Niveau *Anwenden* zuzuordnen ist.

a) Ich weiß, daß 12 Schüler weniger als 70 Punkte hatten; wenn ich herausfinden kann, welcher Bruchteil der Klasse diese Gruppe ist, kann ich eine Gleichung für die Gesamtzahl der Schüler in der Klasse ansetzen.

b) Welcher Teil der Klasse hatte mehr als 70 Punkte? Zwei Fünftel plus ein Drittel des Rests.

c) Ein Drittel des Rests ist gleich ein Drittel von $(1 - \frac{2}{5})$ oder ein Drittel von drei Fünftel oder ein Fünftel.

d) Zwei Fünftel plus ein Fünftel ist gleich drei Fünftel über 70; bleiben zwei Fünftel unter 70.

e) Jetzt kann ich meine Gleichung aufschreiben. c sei die Gesamtzahl der Schüler in der Klasse; dann gilt: $\frac{2}{5} \cdot c = 12$.

f) Auflösung dieser Gleichung ergibt für die Gesamtzahl der Schüler in der Klasse: c = 30.

Ein geübter Schüler, dem der Umgang mit Brüchen keinerlei Schwierigkeiten bereitet, würde vielleicht versuchen, vor Inangriffnahme des Hauptproblems die Angaben der Aufgabe zu vereinfachen. Für einen derartigen Schüler wäre der erste Schritt der Schritt c) der vorhergehenden Lösung.

a) Ein Drittel des Rests, also ein Drittel von $(1 - \frac{2}{5})$ ist gleich ein Drittel mal drei Fünftel ist gleich ein Fünftel.

b) Was weiß ich? Zwei Fünftel über 80; ein Fünftel über 70; somit drei Fünftel über 70.

c) Was ist gesucht?

Er würde dann die Schritte a), d), e) und f) wie in der vorhergehenden Lösung ausführen.

Wir betonen noch einmal, daß die Aufgaben dem Niveau *Verstehen* und nicht dem Niveau *Anwenden* zuzuordnen sind, sofern der Schüler zu einem früheren Zeitpunkt Übungen desselben Typs bearbeitet hat.

4 Problemlösen

4.1 Unterschiede zwischen algorithmischem Denken
und Problemlösen auf höherem Niveau

Auf beiden Niveaus des algorithmischen Denkens, *Verstehen* und *Anwenden*,
steht dem Schüler ein Schritt-für-Schritt-Verfahren zur Verfügung, das vom
Problem zu seiner Lösung führt. Für gute Leistungen auf diesem Niveau
benötigt der Schüler eine Anhäufung von wohlverstandenem Wissen, das aus
geeigneten Verfahren, Algorithmen und Beziehungen in Form von Worten
oder Symbolen besteht derart, daß nötigenfalls eine solche Beziehung oder
ein Algorithmus leicht erinnert und angewandt werden kann. Wenn weder ein
direktes Verfahren noch ein Algorithmus eine vollständige Lösung liefert,
haben wir es mit Problemlösen auf einem höheren Niveau zu tun. *Analyse* und
Synthese, die zwei obersten Kategorien unserer Anwendung der *Bloom*schen
Taxonomie auf die Mathematik, umfassen diese Art von Problemlösen.
Es gibt mehrere verschiedene Kriterien für die Zuordnung einer Aufgabe zu
Verstehen/Anwenden bzw. *Analyse/Synthese*. Diese Kriterien sind: 1. Die
Zahl der für die Lösung benötigten Sätze und Regeln, 2. die Tatsache, daß
die zu verwendenden Regeln durch die in der Aufgabenstellung enthaltenen
Ansatzpunkte und die Lösungshinweise nicht nahegelegt werden, und 3. die
Tatsache, daß die Kombination der Regeln in einer für die Lösung des gege-
benen Problems geeigneten Weise nicht naheliegt. Das wesentliche Kenn-
zeichen ist nicht-routinemäßige Handhabung von früher gelerntem Material
und − auf einem höheren Niveau − Entdeckung von Beziehungen zwischen
Begriffen und Sätzen, die zuvor ohne Bezug zueinander gegeben waren.
Diese Kriterien machen aufs neue deutlich, daß die früheren Lernerfahrungen
des Schülers entscheidend für die Zuweisung einer gegebenen Aufgabe zu
einer bestimmten Kategorie sind. Stehen eine große Anzahl von Regeln zur
Verfügung und liegen Erfahrungen hinsichtlich der Kombination solcher
Regeln vor, so verliert eine Aufgabe viel von ihrer Komplexität mit der Folge,
daß es nur dem Niveau der Verallgemeinerung eines Reizes [stimulus general-
ization] angehört.
Der Unterschied zwischen algorithmischem Denken und Problemlösen ist im
wesentlichen der zwischen *reproduktivem* und *produktivem* Denken. Diese
Beschreibung der beiden Niveaus dürfte die nützlichste für den Lehrer sein,
wenn er versucht unsere Klassifikation mathematischer Leistungen anzuwenden: Immer dann, wenn der Schüler einfach eine Tatsache oder ein wohldefi-

niertes Verfahren, worin er vorher unterrichtet worden war, *reproduzieren* muß, gehört seine Leistung zu den Niveaus *Wissen* oder algorithmisches Denken (*Verstehen* oder *Anwenden*). Wenn der Schüler etwas für ihn völlig Neues *produzieren* muß, ist er mit Problemlösen auf höherem Niveau (*Analyse* oder *Synthese*) beschäftigt. Wir können den Unterschied zwischen algorithmischem Denken und Problemlösen auf höherem Niveau auch unter dem Gesichtspunkt der Kennzeichen des Problemlösungsprozesses selbst diskutieren. Bei der Lösung von Aufgaben auf den niederen Niveaus scheint man in einer linearen Reihe von Schritten vorzugehen. Verallgemeinerung oder Erkennen der Form der gegebenen Aufgabe ist der entscheidende erste Schritt. Sich-in-Erinnerung-Rufen des Verfahrens (Algorithmus), das auf Aufgaben dieser Form angewandt wird, und Anwendung des Lösungsverfahrens folgen unmittelbar. Somit kann diese Art des Denkens durch ein lineares Flußdiagramm dargestellt werden, das zeigt, wie die Reihe der Lösungsschritte in einer Art Einbahnstraße durchlaufen wird.

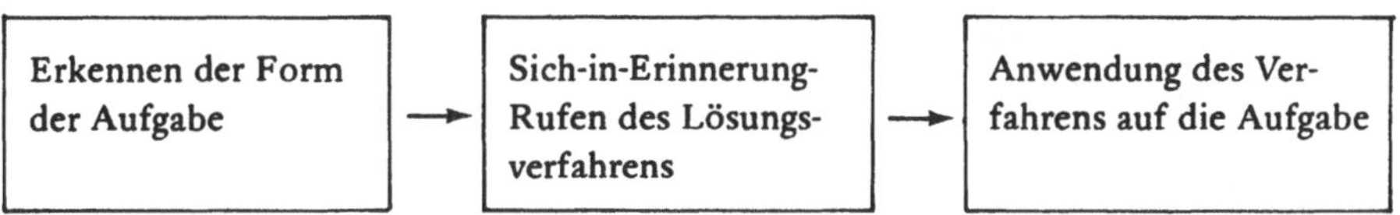

Problemlösen auf den höheren Niveaus ist jedoch komplexer. Der Lösende muß gleichzeitig mehrere Dinge im Auge behalten: das Problem in der gegebenen Form, die verschiedenen möglichen Umformungen seiner Teile, Wissen, welches möglicherweise eine Rolle spielt, die Beziehungen aller dieser Dinge zur gewünschten Lösung usw. Es scheint eine fortwährende Wechselwirkung zwischen dem gegebenen Problem und seinen Teilen stattzufinden, aus der schließlich die zur Lösung führende „Erleuchtung" oder Einsicht hervorgeht. Auf jeder Stufe des Lösungsprozesses wird relevantes Wissen ins Gedächtnis gerufen, durchdacht und mit dem Problem oder einem seiner Teile verglichen, bis die für die Lösung relevanten Beziehungen entdeckt sind. Somit würde ein Flußdiagramm des Problemlösens auf diesem Niveau ein Hin- und Hergehen zwischen verschiedenen Stufen etwa in der folgenden Art vorsehen:

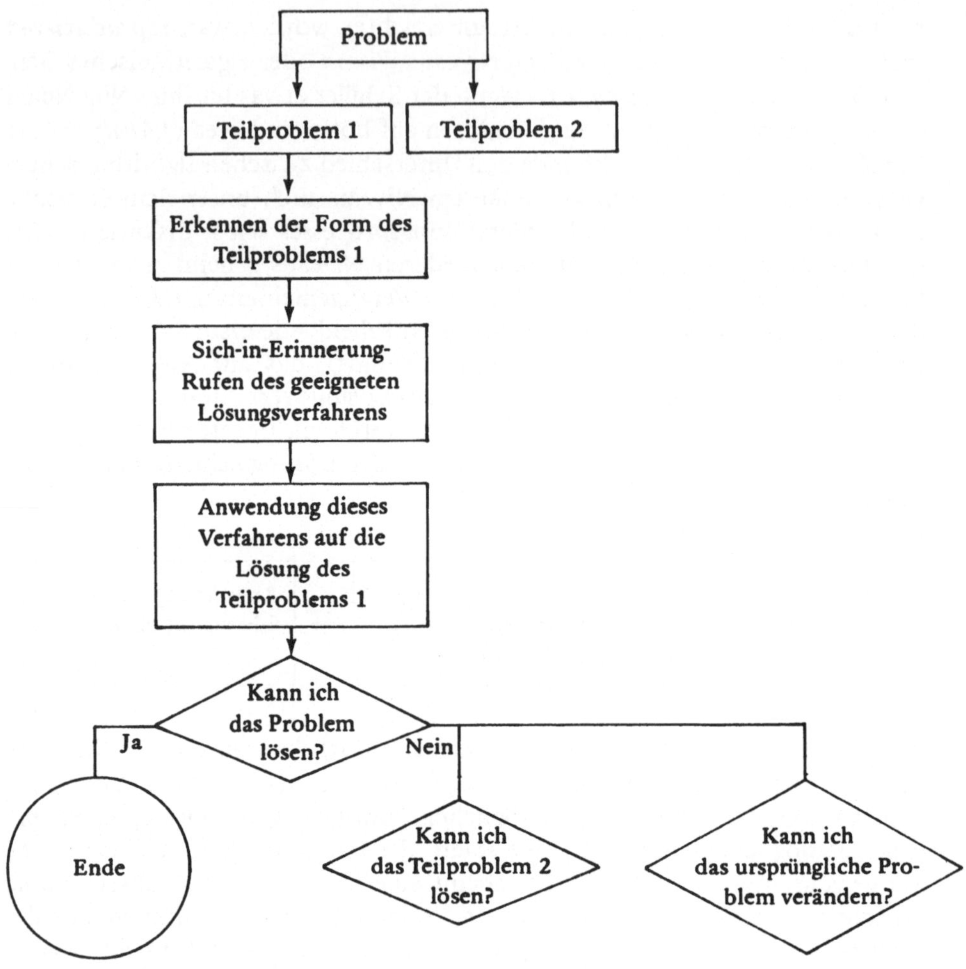

4.2 Analyse

Analyse ist das niedrigere der beiden Niveaus, die auftreten, wenn einem Schüler keine algorithmische Lösung für ein gegebenes Problem zur Verfügung steht. Sein erster Schritt bei der Suche nach einer Lösung ist, das gegebene Problem in Teile zu zerlegen und die inneren Beziehungen zwischen den Teilen und dem Problem zu entdecken. Ziemlich oft ist die Lösung unmittelbar aus den Beziehungen ersichtlich, die durch Übersetzung und Umformung der in der Problemstellung gegebenen Informationen entdeckt werden. Problemlösungen dieser Art zeigen eine Leistung auf dem Niveau der *Analyse*.

Ein Beispiel soll diesen Punkt verdeutlichen. Ein Schüler hat folgendes Problem vor sich: „Gesucht ist eine positive ganze Zahl t, so daß $s^2 - t^2$ eine Primzahl ist und s = 14 gilt." Es treten 2 Variablen auf und nur ein Zahlenwert ist gegeben. Kein vorhandenes algorithmisches oder Übersetzungs-Verfahren führt zu einer Lösung. Somit muß der Schüler das Problem in Teile zerlegen und sich ins Gedächtnis rufen, was er über jeden Teil weiß:

a) Kann ich $s^2 - t^2$ abändern?

b) $s^2 - t^2 = (s - t)(s + t)$. (Verstehen des Algorithmus zur Faktorisierung der Differenz zweier Quadrate)

c) Einsetzen von s = 14 : $14^2 - t^2 = (14 - t)(14 + t)$

d) Dies ist ein Produkt, das eine Primzahl sein soll.

e) Ein Produkt ist nur dann eine Primzahl, wenn einer der Faktoren 1 oder -1 ist. (Kenntnis der Definition von Primzahl)

f) 14 + t kann weder 1 noch -1 sein. (Verstehen der gegebenen Information, daß s = 14 und t positiv ist)

g) 14 − t ist 1 oder -1

h) Folglich gilt t = 13 oder t = 15. (Verstehen des Lösungsverfahrens für Gleichungen 1. Grades)

i) (14 + 13) ist keine Primzahl. (Nochmals Verstehen des Begriffs Primzahl: $27 = 3 \cdot 3 \cdot 3$, folglich 27 keine Primzahl)

j) Folglich ist t = 15 und $(-1) \cdot (14 + 15) = -29$; -29 ist eine Primzahl.

Wie bei der Diskussion all der anderen Niveaus mathematischer Leistung müssen wir beachten, daß die Klassifikation eines speziellen Problems von dessen Beziehungen zu den Vorerfahrungen des Schülers abhängt. So dürfte das eben skizzierte Problemlösungsverfahren bei einem Schüler der 9. Klasse tatsächlich Leistungen auf dem Niveau der *Analyse* erfordern, während es für einen weiter fortgeschrittenen Schüler, der bereits Probleme dieser Art gelöst hat, auf dem Niveau eines Algorithmus verfügbar sein könnte.

Wenn ein Schüler beim Problemlösen Denken auf höherem Niveau nur zeigen kann, solange er nicht ein Problem derselben Form zuvor bearbeitet hat, erhebt sich die Frage, wie er für dieses Leistungsniveau unterrichtet werden kann. Die Betrachtung der Lösungsschritte unseres Beispiels deutet darauf hin, daß diese spezielle Leistung auf höherem Niveau in mehrere allgemeine Fähigkeiten zergliedert werden kann, die geübt werden können. Leistung auf dem Niveau *Analyse* beruht auf der Beherrschung von Lernzielen niedrigerer Niveaus: In unserem speziellen Beispiel beruht die Lösung auf dem Verstehen des Faktorisierens und der Definition einer Primzahl. Sie erfordert auch die Fähigkeit, eine sehr grundlegende Form der Argumentation anzuwenden, die durch vielfältige Beispiele gelehrt werden kann: Wenn p oder q wahr ist und p nicht wahr ist, dann ist q wahr. Die Schüler sollten eine große Zahl solcher Sätze kennenlernen und zu jedem Satz eine Vielzahl von Problemen, bei

denen sie diesen Satz anwenden können. Es dürfte klar sein, daß die Problemlösefähigkeit der Schüler nicht verbessert wird, wenn nur die Sätze unterrichtet
werden, ohne daß verschiedenartige Beispiele für die Anwendung gegeben
werden.

Wie man weiß, besteht eine gute Methode zur Förderung der Problemlösefähigkeit darin, daß man bei einer Vielzahl komplexer Probleme die Erklärung
des Lösungswegs durchgeht, wobei man bei jedem Lösungsschritt herausarbeitet, warum hier diese oder jene spezielle Regel oder Methode ins Spiel
gebracht wird. Die meisten Schüler müssen einige Beispiele für die Strategien,
die beim Lösen komplexer Probleme nützlich sind, kennengelernt haben,
bevor man von ihnen ein eigenständiges und fruchtbares Problemlöseverhalten
erwarten kann. Kapitel 5 und einige Abschnitte in Kapitel 6 behandeln ausführlicher Methoden, wie man ein solches Verhalten anregen und fördern
kann.

Lernziele in der Kategorie *Analyse* haben die Form: „Der Schüler soll in der
Lage sein, die in einem gegebenen Problem enthaltene Information in seine
Grundbestandteile zu zerlegen und zu einer Lösung zu kommen, in dem er
eine richtige Beziehung zwischen den Teilen aufstellt." Zu jedem Unterrichtsthema, das er behandelt, kann der Lehrer Lernziele der Kategorie *Analyse*
formulieren.

Wir geben nun einige weitere Beispiele für Problemlösung auf diesem Niveau
an. Einige dieser Beispiele sind geeignet für Schüler der Unterstufe, andere
mehr für Schüler höherer Klassen.

Testaufgabe 1
Das arithmetische Mittel von 8 rationalen Zahlen ist 12. Nach Entfernung
einer dieser Zahlen ist das arithmetische Mittel der restlichen 7 Zahlen 9.
Welche Zahl wurde entfernt?

a) Was ist gegeben? Das arithmetische Mittel von 8 Zahlen und das arithmetische Mittel von 7 dieser Zahlen.
b) Wie findet man das arithmetische Mittel? (Sich-in-Erinnerung-Rufen und
   Verstehen von Wissen). Teilt man die Summe der Zahlen durch 8, erhält
   man 12; teilt man die Summe der übrigen Zahlen durch 7, erhält man 9.
c) Wie kann ich diese beiden Werte vergleichen? (Verstehen: Umformung).
   $8 \cdot 12$ ergibt die Gesamtsumme. $7 \cdot 9$ ergibt die restliche Summe.
d) Jetzt kann ich die fehlende Zahl finden. Der Unterschied der Gesamtsumme und der restlichen Summe liefert sie: $96 - 63 = 33$. 33 ist die fehlende Zahl.

Wir haben hier versucht, die Fragen anzugeben, die sich der Schüler möglicherweise bei den einzelnen Schritten seiner Suche nach einer Lösung stellt. Die
Voraussetzungen für eine erfolgreiche Lösung sind einerseits ein gutes Ver-

ständnis der Teile des Problems (in diesem Fall: des arithmetischen Mittels) andererseits die Beachtung der heuristischen Regel, daß man sich als ersten Schritt zur Lösung eines Problems ungewohnter Art in Erinnnerung ruft, was über jeden seiner Teile bekannt ist. Der entscheidende Schritt bei dieser Lösung ist die Abänderung des Problems mit Hilfe des zu Rate gezogenen Wissens (arithmetisches Mittel = Summe : Anzahl kann geschrieben werden als Summe = Anzahl · arithmetisches Mittel; Vergleich der Summen anstelle der arithmetischen Mittelwerte).

Testaufgabe 2
Zeige, daß jede natürliche Zahl, deren Dezimaldarstellung mit 3 gleichen Ziffern geschrieben wird, durch 37 teilbar ist.

a) Wie lauten die Zahlen, die mit 3 gleichen Ziffern geschrieben werden? 111, 222, 333 usw.
b) Kann ich alle diese Zahlen in allgemeiner Form darstellen?
 $100a + 10a + a = 111a$. Alle sind Vielfache von a.

Bei Schritt b) benutzt der Schüler das Prinzip, daß man bei der Herleitung einer gemeinsamen Eigenschaft für alle Zahlen, die eine gegebene Bedingung erfüllen, versuchen sollte, einen algebraischen Ausdruck für die Klasse dieser Zahlen aufzustellen.

c) Wenn 111 durch 37 teilbar ist, dann sind alle gegebenen Zahlen durch 37 teilbar.

Dies ist der entscheidende Schritt, bei welchem Analyse verlangt wird. Unter Anwendung seines Verständnisses für Faktorzerlegung muß der Schüler erkennen, daß 37 als Teiler von 111 auch ein Teiler jeder Zahl, die 111 als Faktor enthält, ist.
Natürlich gehört dieses ganze Problem zur Kategorie *Verstehen*, falls der Schüler früher Anwendungen des allgemeinen Satzes „eine hinreichende Bedingung für die Teilbarkeit von a durch c ist die Teilbarkeit eines Faktors von a durch c" kennengelernt hat.

d) Prüfung der Teilbarkeit von 111 durch 37: $111 : 37 = 3$.

Betrachtung der Elemente des gegebenen Problems (Zahlen, die mit drei gleichen Ziffern geschrieben werden) und Umformung dieser Elemente in einer für die gesuchte Lösung geeigneten Weise führten unmittelbar zum gewünschten Resultat.

Testaufgabe 3
Gegeben ist die Menge U, die aus allen ungeraden ganzen Zahlen, den positiven und den negativen, besteht (die Null ist *nicht* ungerade). Welche der folgenden Rechenoperationen, angewandt auf ein Paar von Elementen aus U, führt immer zu Elementen aus U?

(A) Addition; (B) Multiplikation; (C) Division; (D) Bildung des arithmetischen Mittels.

Die richtige Antwort ist:

(1) Nur A und B.   (2) Nur B und D.   (3) Nur B, C und D.   (4) Nur B und C.   (5) Nur B.

Wenn der Schüler zuvor keine Probleme von genau der gleichen Art kennengelernt hat, muß er eine ziemlich einfache und direkte Art von Lösung durch Analyse durchführen. Er muß nacheinander jede der gegebenen Operationen betrachten und sich fragen, ob er durch Anwendung der Operation auf die Elemente der gegebenen Menge gerade Zahlen erzeugen kann. Bei der Ausscheidung von A, C und D benutzt er das Prinzip, daß ein Gegenbeispiel genügt, um die Ungültigkeit einer vorliegenden Behauptung zu beweisen. Enthielte die Aufgabe keine vorgegebenen Wahlantworten, müßte er die Gültigkeit der Behauptung in bezug auf B beweisen.

Testaufgabe 4
Die Figur in Bild 3 stelle einen Reifen mit 28 cm Durchmesser dar. Der Reifen rollt (ohne zu rutschen) in der angezeigten Richtung. Wieviele cm in horizontaler Richtung hat sich Punkt A etwa bewegt, wenn der Reifen eine halbe Umdrehung vollendet hat?

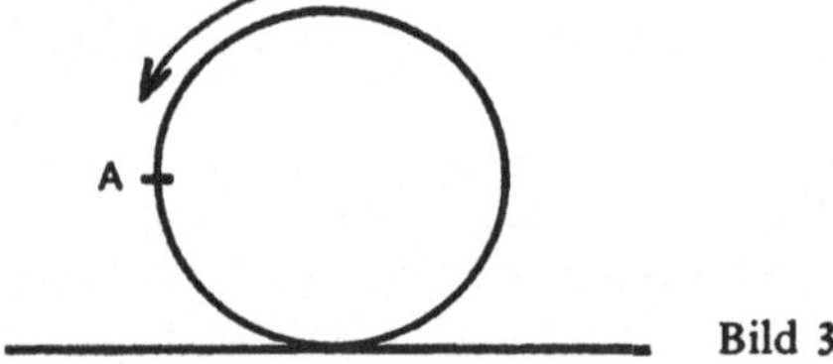

Bild 3

(1) 28;   (2) 16;   (3) 56;   (4) 72;   (5) 84.

Die Lösung für diesen Problemtyp erfordert Analyse der gegebenen physikalischen Situation derart, daß numerische Werte abgeleitet werden können.

a) Anfertigung einer Skizze der Situation und Betrachtung, was bekannt ist.

Man beachte, daß diese Art des ersten Schrittes (die Frage: Was weiß ich?) in fast all unseren Lösungen durch Analyse auftritt.

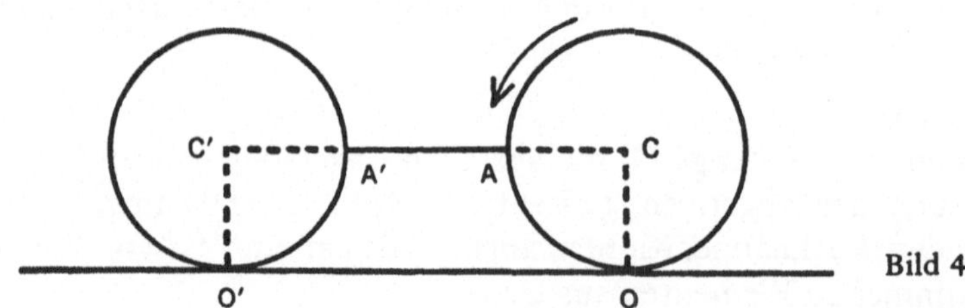

Bild 4

b) Der Abstand $\overline{OO'}$ (zwischen den Berührungspunkten am Anfang und am Ende der Bewegung) = $\frac{1}{2}$ Umfang des Kreises = $\frac{1}{2} \cdot 28\pi = 14\pi$.

c) Entweder aufgrund formaler Kenntnisse in Geometrie oder einer mehr intuitiven Betrachtung seiner Skizze muß der Schüler nun sehen, daß $\overline{AA'} = 14\pi - 2 \cdot r$. Für einen Schüler, der in Geometrie fortgeschrittener ist, könnte dieses Problem zum Niveau *Anwenden* gehören, insbesondere, wenn die Skizze gegeben ist.

d) $\overline{AA'} = 14\pi - 2 \cdot 14 \approx 14 \cdot (\frac{22}{7}) - 28 = 44 - 28 = 16$.

Testaufgabe 5
5 Punkte sind so in der Ebene verteilt, daß keine drei auf einer Geraden liegen. Auf wieviele Arten kann man diese Punkte durch Geraden verbinden derart, daß jeder Punkt mit genau 3 anderen Punkten verbunden ist?

(1) 0;   (2) 1;   (3) 3;   (4) 5;   (5) mehr als 5.

Wieder muß der Schüler eine geometrische Situation analysieren. Sein erster Versuch ist wahrscheinlich die Zeichnung einer solchen Figur, aber um zu einer allgemeinen Lösung zu gelangen, muß er die Zahl der Geraden betrachten, die zur Zeichnung der Figur gebraucht werden.

a) Wenn eine Lösung möglich ist, bedeutet die Verbindung von 5 Punkten je mit 3 anderen Punkten, daß von jedem Punkt 3 Geraden ausgehen, also $5 \cdot 3 = 15$ Geraden.

b) Jede Gerade wird zweimal gezählt, einmal von A nach B und einmal von B nach A, sodaß es in Wirklichkeit nur $\frac{15}{2}$ oder $7\frac{1}{2}$ Geraden gibt.

c) Eine gebrochene Anzahl von Geraden ist unmöglich. Also kann keine solche Figur gezeichnet werden.

Es folgt ein weiteres Beispiel aus der euklidischen Geometrie. (Die Verfasser haben nur wenige Beispiele aus der euklidischen Geometrie gewählt, weil die jüngsten Lehrplanänderungen [leider] zu einer größeren Betonung der Algebra führten).

Testaufgabe 6
Gegeben ein konvexes Viereck ABCD, also ein Viereck, dessen Diagonalen im Inneren verlaufen. Die vier Seiten werden, wie in der Figur (Bild 5) gezeigt, verlängert, so daß gilt: $\overline{AB} = \overline{BB'}$; $\overline{BC} = \overline{CC'}$; $\overline{CD} = \overline{DD'}$; $\overline{DA} = \overline{AA'}$. In welchem Verhältnis stehen die Flächeninhalte der Vierecke A'B'C'D' und ABCD?

(1) 5 : 1;   (2) 4 : 1;   (3) 4,5 : 1;   (4) 6 : 1;   (5) Das Verhältnis kann aus den gegebenen Daten nicht berechnet werden.

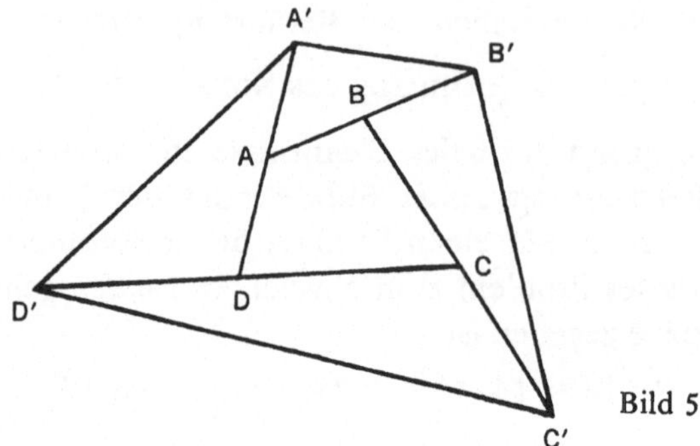

Bild 5

Der springende Punkt bei der Lösung dieses Problems ist die Erkenntnis der
Tatsache, daß der Flächeninhalt des Dreiecks DA′D′ zweimal so groß ist wie
der Flächeninhalt des Dreiecks ADC. Der Lösende kann zu dieser Erkenntnis
durch direkte Analyse der Angaben in der Aufgabe kommen: Er muß einen
Weg finden, die Fläche des ursprünglichen und des neuen Vierecks zu vergleichen, und die Tatsache, daß die Fläche, die zum ursprünglichen Viereck hin-
zugefügt wird, in Dreiecke zerlegt ist, sollte es unmittelbar nahelegen, die
ursprüngliche Fläche in Dreiecke zu zerlegen; somit erfordert eine erfolgreiche
Lösung kein Prinzip, das bezüglich des gegebenen Problems weithergeholt
erscheint.
Die Lösung eines jeden dieser Probleme zeigt Leistung auf dem Niveau der
Analyse, weil man sie erreicht, indem man das Problem in Teilprobleme zerlegt, wieder zusammensetzt oder abändert, derart, daß früheres Wissen ziemlich direkt zur Lösung führt.

4.3 Synthese

Leistung auf dem Niveau *Synthese* besteht darin, daß gegebene Elemente auf
völlig neue Weise zusammengesetzt werden. Natürlich ist, soweit man sich auf
den Unterricht beschränkt, die Betonung von „völlig neue Weise" nur relativ.
Das Wissen, das ein Schüler produzieren (im Gegensatz zu reproduzieren) soll,
mag für einen Spezialisten dieses Faches nicht „völlig neu" sein. Aber solange
es für den Lernenden und seine Mitschüler wirklich neu ist, kann es als „neu"
betrachtet werden; das heißt, es erfordert im Zusammenhang des Unterrichts
eher produktives als reproduktives Denken.
Leistung auf den Niveaus *Analyse* und *Synthese* ist wie gesagt charakterisiert
durch eine Art des Denkens, die „offene Exploration" genannt werden kann.
Wie bei Leistungen auf den Niveaus *Verstehen* und *Anwenden* liegt der Unterschied zwischen den beiden Niveaus in der Entlegenheit der Lösung, das heißt,
im Abstand, der aus der Sicht des Lernenden zwischen den Angaben des Pro-

blems und der Lösung liegt. Probleme in der Kategorie *Synthese* erfordern gewöhnlich einen gewissen Aufwand an Analyse (das Zerlegen und Umformen der Angaben beim Versuch, neue Beziehungen zu finden) wie auch relevantes Wissen und Verstehen. Aber für die Lösung ist auch irgendein zusätzliches, ziemlich entlegenes Prinzip notwendig. Auf dem Niveau der *Synthese* muß der Schüler dazu fähig sein, Prinzipien oder Sätze heranzuziehen, die auf den ersten Blick keine Beziehung zum gegebenen Problem zu haben scheinen, die aber bei Anwendung auf die Angaben der Aufgabe zum gewünschten Ergebnis führen. Die benötigten Prinzipien sind nicht ersichtlich, solange das gegebene Material und seine Beziehungen zur gesuchten Lösung nicht analysiert worden sind.

Wir geben nun einige Beispiele für Problemlösungen, die typisch für *Synthese* sind. Durch diese Beispiele werden einige weitere Kennzeichen von Leistungen auf diesem Niveau aufgezeigt. Wir benutzen ebenso wie für die niedrigeren Niveaus multiple choice-Aufgaben. Manche Lehrer werden meinen, daß zur Prüfung der höheren Niveaus des Denkens, wo die zugrunde liegende Leistung aus einem eigenständigen Zusammensetzen des Materials besteht, offene Aufgaben geeigneter wären als diese Aufgaben mit vorformulierten Wahlantworten. Obwohl auf dem Gebiet der Evaluation von Leistungen höheren Niveaus noch Forschungen nötig sind, ist es heute allgemein anerkannt, daß multiple choice-Aufgaben auf jedem Niveau zur Bewertung der Leistung angemessen sind.[1] Natürlich sollte sich der Lehrer durch geeignete Methoden Klarheit darüber verschaffen, auf welchem Wege Schüler zu einer Lösung kommen. Jedoch vermindert die Vorgabe von fertig formulierten Wahlantworten, unter denen die richtige Antwort erkannt werden muß, in keiner Hinsicht die Notwendigkeit einer Problemlösung von seiten des Schülers. Wie sich bei der Diskussion einiger der folgenden Beispiele zeigen wird, kann die Formulierung der Wahlantworten ein Mittel sein, um ein Problem mehr oder weniger komplex zu machen.

Unser erster Typ von Problemen, die gewöhnlich Leistung auf dem Niveau *Synthese* erfordern, verlangt vom Schüler, daß er eine allgemeine Beziehung, die durch einige numerische Beispiele implizit gegeben ist, durch Abstrahieren und Symbolisieren findet und anschließend überprüft. Die ersten drei Beispiele sind von dieser Art.

Testaufgabe 1
Betrachte die folgenden Gleichungen:

(A) $3 \cdot 1 + 1 = 2 \cdot 2$;
(B) $6 \cdot 4 + 1 = 5 \cdot 5$;

---

1 Vgl. z. B. The National Council of Teachers of Mathematics, „Evaluation in mathematics: Twenty-sixth yearbook", Washington D. C.: The Council, 1961.

(C) $\dfrac{7}{2} \cdot \dfrac{3}{2} + 1 = \dfrac{5}{2} \cdot \dfrac{5}{2}$;

(D) $2,1 \cdot 0,1 + 1 = 1,1 \cdot 1,1$;

Welche der folgenden Gleichungen gehorcht demselben Muster?

(1) $1 \cdot (-1) + 1 = 0 \cdot 0$;
(2) $(-5) \cdot 2 + 1 = (-5) \cdot (-3)$;
(3) $(-7) \cdot 5 - 1 = 6 \cdot (-6)$;
(4) $(-5) \cdot (-3) + 1 = 4 \cdot 4$;
(5) $10 \cdot 5 - 1 = 7 \cdot 7$.

Bei diesem Problem muß der Schüler während des Lösungsprozesses aus den
gegebenen Beispielen die gemeinsame Beziehung abstrahieren und dann
erkennen, ob eine der zur Wahl gestellten Aussagen diese Beziehung erfüllt.
Es steht weder ein direkter Algorithmus noch ein analytisches Verfahren zur
Verfügung, mit dessen Hilfe diese Art von Abstraktion geleistet werden kann.
Folglich gehört die Lösung solcher Probleme zur Kategorie *Synthese*.
Die erste Testaufgabe kann für einen fortgeschrittenen Schüler so erweitert
werden, daß ein algebraischer Ausdruck verlangt wird, der die wahrgenom-
mene Beziehung passend wiedergibt.

Testaufgabe 2
Untersuche die folgenden Aussagen:

(A) $3 \cdot 1 + 1 = 2 \cdot 2$;
(B) $6 \cdot 4 + 1 = 5 \cdot 5$;
(C) $\dfrac{7}{2} \cdot \dfrac{3}{2} + 1 = \dfrac{5}{2} \cdot \dfrac{5}{2}$;
(D) $2,1 \cdot 0,1 + 1 = 1,1 \cdot 1,1$.

Welcher der folgenden algebraischen Ausdrücke kann verwendet werden, um
eine durch die Gleichungen (A)–(D) in Beispielen dargestellte Formel herzu-
leiten?

(1) $(k - 1) \cdot (k + 1) = k^2 - 1$;
(2) $(k - 1) \cdot (2k + 1) + 1 = (2k - 1) \cdot k$;
(3) $(2k - 2) \cdot (k + 3) = (k - 1) \cdot (2k + 6)$;
(4) $(2k + 3) \cdot k + 1 = (k + 1) \cdot (2k + 1)$;
(5) (1)–(4) können nicht verwendet werden, um die gesuchte allgemeine
    Formel herzuleiten.

In dieser Aufgabe wird die multiple choice-Form benutzt, um den Abstand
zwischen der Lösung und den Angaben der Aufgabe größer zu machen. Auch
wenn der Schüler die durch die numerischen Beispiele implizit gegebene
Beziehung schon explizit formuliert hat $(k + 1) \cdot (k - 1) + 1 = k^2$, muß er sie
erst noch algebraisch umformen (ein Schritt auf dem Niveau *Verstehen*),
damit sie mit der korrekten Alternative (1) übereinstimmt.

Testaufgabe 3 ist ein geringfügig komplizierteres Problem vom gleichen Typ wie die Aufgaben 1 und 2.

Testaufgabe 3
Die Untersuchung der folgenden Tabelle zeigt ein interessantes Muster.

n	1	9	2	8	3	7	4	6	5
n^2	1	81	4	64	9	49	16	36	25

Dieses Muster kann durch die Tatsache erklärt werden, daß für jede natürliche Zahl gilt:

(1) $(n - 1)^2 = n^2 - 2n + 1$;
(2) $n^2 - 1 = (n - 1)(n + 1)$;
(3) $100 - n^2 = (10 - n)(10 + n)$;
(4) $(10 - n)^2 - n^2$ ist teilbar durch 10;
(5) Keine der Aussagen (1)–(4) kann als Erklärung dienen.

Um zur richtigen Antwort zu kommen, muß der Schüler einige Kennzeichen des gegebenen Musters erkennen und in der Lage sein, diese symbolisch auszudrücken:

a) Das Muster besteht irgendwie in einer Beziehung zwischen den Quadraten von n und $10 - n$.
b) Die Tatsache, daß die Dezimaldarstellung dieser beiden Quadratzahlen mit derselben Ziffer endet, ist äquivalent zu der Tatsache, daß ihre Differenz durch 10 teilbar ist. Die Leistung dieses Schrittes gehört zum Niveau *Synthese*.
c) Diese Tatsache muß algebraisch hergeleitet werden, durch Umformung der Differenz $(10 - n)^2 - n^2$:
$$(10 - n)^2 - n^2 = 100 - 20n + n^2 - n^2$$
$$= 100 - 20n$$
$$= 10(10 - 2n), \text{ was durch 10 teilbar ist.}$$

Um den letzten Schritt zu leisten, muß der Schüler ein gutes Verständnis für algebraische Umformungen und Teilbarkeitsfragen haben.

Testaufgabe 4
Auf wieviele Arten kann $\frac{1}{2}$ als Summe zweier Stammbrüche geschrieben werden? (Brüche der Form $\frac{1}{n}$, $n \in \mathbb{N}$ heißen Stammbrüche.)

(1) 0;   (2) 1;   (3) 2;   (4) 4;   (5) mehr als 4.

a) Der Schüler dürfte sofort bemerken, daß die Kombination $\frac{1}{4} + \frac{1}{4} = \frac{1}{2}$ die Voraussetzungen erfüllt. Für diese Leistung ist gutes Verstehen der im Problem angegebenen Bedingungen nötig.

b) Sei nun $\frac{1}{2} = \frac{1}{m} + \frac{1}{n}$ und zusätzlich $m \neq n$ und $m, n \neq 4$; dann hat $m > 4$ zur Folge: $n < 4$ (oder umgekehrt). Dies ist der Schritt der Synthese, der für eine allgemeine Lösung des Problems wesentlich ist. Natürlich muß der Schüler diese Vorstellung nicht symbolisch formulieren, wie wir es aus Gründen der leichteren Erklärung getan haben. Er muß einfach sehen, daß, wenn $\frac{1}{2}$ die Summe zweier von $\frac{1}{4}$ verschiedenen Brüche ist, der eine kleiner und der andere größer als $\frac{1}{4}$ sein muß.

c) Betrachten wir die Möglichkeiten für $m < 4$, so können für $m = 3$ die Bedingungen erfüllt werden: $\frac{1}{3} + \frac{1}{6} = \frac{1}{2}$; für $m = 2$ bzw. 1 können die Bedingungen für positive n nicht erfüllt werden; denn wir erhalten: $\frac{1}{2} + \frac{1}{n} = \frac{1}{2}$ bzw. $\frac{1}{1} + \frac{1}{n} = \frac{1}{2}$.

Dies ist ein anderer und in gewisser Weise schwierigerer Problemtyp als unsere ersten drei Beispiele zur Kategorie *Synthese*. Für die meisten Schüler ist in diesem Fall der Abstand zwischen den Angaben der Aufgabe und der Lösung viel größer als bei Problemen, wo sie von gegebenen numerischen Beispielen abstrahieren müssen.

Probleme wie dieses dürften viele Schüler dazu anregen, eine Lösung mit Hilfe von Versuch und Irrtum zu probieren. Auf diese Weise kann ein Schüler zu den beiden bekannten Fällen $\frac{1}{4} + \frac{1}{4}$ und $\frac{1}{3} + \frac{1}{6}$ kommen. Jedoch muß er sich dann noch davon überzeugen, daß dies die beiden einzig möglichen Fälle sind. Durch Untersuchung der Struktur der beiden Beispiele und Betrachtung der Voraussetzungen der Aufgabe muß er zu denselben Schlußfolgerungen wie in Schritt b) und c) unseres Beweises kommen. Dies ist ein Problemlösungsverfahren von ziemlich allgemeiner Anwendbarkeit. Um bei seinen Schülern die Fähigkeit zur Anwendung eines solchen Verfahrens zu fördern, kann der Lehrer ihnen verschiedene Beispiele vorlegen, bei denen auf intuitive Weise oder durch Versuch und Irrtum Fälle, die die jeweiligen Voraussetzungen erfüllen, erzeugt werden, um dann durch Betrachtung der Struktur dieser Fälle zu einer allgemeinen Lösung zu kommen.

Das folgende ist ein interessantes Problem, an dem sich begabte jüngere Schüler auch ohne Einsatz formaler Methoden versuchen können.

Testaufgabe 5

Gegeben ist eine quadratische Matrix mit 9 Zeilen und 9 Spalten, in der nur die Zahlen 1 und -1 auftreten. Wir können für jede Reihe das Produkt ihrer 9 Zahlen berechnen und diese Produkte mit a_1, a_2, ... a_9 bezeichnen. Ebenso können wir für jede Spalte das Produkt ihrer 9 Zahlen berechnen und diese Produkte mit b_1, b_2, ..., b_9 bezeichnen. Beweise, daß die Summe dieser 18 Produkte: $a_1 + a_2 + ... + a_9 + b_1 + b_2 + ... + b_9$ niemals gleich Null sein kann.

Der Beweis erfordert die Fähigkeit, folgendes zu sehen: I) Jede solche Matrix kann aus einer Matrix mit lauter Einsen entstehen (in diesem Fall ist die Summe 18). II) Ein Wechsel von 1 zu -1 oder von -1 zu 1 hat in einer solchen Matrix eine Veränderung der entsprechenden Summe um ± 4 zu Folge. Deshalb hat die verlangte Summe immer die Form: $18 \pm 4k$, und dieser Ausdruck kann niemals Null werden für irgendeine natürliche Zahl k. Die beträchtliche Umstrukturierung des gegebenen Materials, die nötig ist, um den verlangten Beweis zu finden, ist ausschlaggebend für die Zuordnung dieser Aufgabe zum Niveau *Synthese*. Der Lehrer sollte auf die hier angewandte allgemeine Strategie achten, die ähnlich ist zu der bei der Lösung von Aufgabe 4 verwendeten: Wenn man eine allgemeine Eigenschaft von Zahlen, die verschiedene gegebene Bedingungen erfüllen, beweisen soll, finde und prüfe man erst einige einfache Fälle, die den Bedingungen genügen, und versuche dann von diesen Beispielen aus zu verallgemeinern. Diese Aufgabe zeigt, wie die Strategie auch bei einem Problem geeignet ist, das nur ziemlich elementare Begriffe (Summen und Produkte von ganzen Zahlen) enthält.
Ein anderer Problemtyp, der Leistung auf dem Niveau *Synthese* erfordert, ist der, bei welchem die Führung eines für den Schüler neuen formalen Beweises verlangt wird, wobei weit auseinanderliegende Ideen zusammengebracht werden müssen. Das folgende Problem liefert ein außerordentlich klares Beispiel für Leistung auf dem Niveau *Synthese*, nicht nur, weil der Lösende einen Satz anwenden muß, der weder in der Aufgabe enthalten ist noch direkt durch die Angaben nahegelegt wird, sondern auch, weil er die ziemlich diffizile Methode des indirekten Beweises anwenden muß.

Testaufgabe 6

Setzt man voraus, daß $\sqrt{2}$ eine irrationale Zahl ist, so kann man beweisen, daß für jede rationale Zahl a die Zahl $a + \sqrt{2}$ irrational ist. Welche der folgenden Aussagen kann verwendet werden, um einen solchen Beweis zu erhalten?

(1) Die Differenz zweier rationaler Zahlen ist immer eine rationale Zahl.
(2) $\sqrt{3}$ ist auch eine irrationale Zahl.
(3) Die Summe zweier irrationaler Zahlen ist manchmal rational und manchmal irrational.

(4) Das Produkt aus einer rationalen Zahl ungleich Null und einer irrationalen
    Zahl ist immer eine irrationale Zahl.
(5) Keine der Aussagen (1) bis (4) kann für den Beweis des Satzes verwendet
    werden.

Der Schüler muß sehen, daß er, obwohl er nach einer Summe gefragt ist, die
unter (1) zur Wahl gestellte Aussage über eine Differenz in folgender Weise
verwenden kann:

a) Angenommen, $a + \sqrt{2}$ ist rational.
b) Gegeben ist, daß a rational ist.
c) Deshalb gilt mit Aussage (1): $(a + \sqrt{2}) - a = \sqrt{2}$ ist rational.
d) Aber $\sqrt{2}$ ist irrational.
e) Deshalb gilt: $a + \sqrt{2}$ ist irrational.

Obwohl der Schüler eine ziemlich diffizile Beweisführung für die Lösung dieses Problems verwenden muß, müssen wir beachten, daß nicht nur wegen dieser Tatsache die Lösung dieses Problems eine Leistung auf dem Niveau *Synthese* darstellt. Entscheidend ist, daß der Beweis für den Schüler völlig neu ist.
Wenn er ein ähnliches Problem zuvor kennengelernt hat (z. B. dasselbe Problem
mit $\sqrt{3}$ statt $\sqrt{2}$), stellt die Lösung eine Leistung auf dem Niveau *Verstehen*
dar.
Diese Aufgabe zeigt auch, wie die multiple choice-Form benutzt werden
kann, um die Lösung eines ziemlich schwierigen Problems zu erleichtern. Das
Auftreten der Aussage über die Differenz zweier rationaler Zahlen unter den
Wahlantworten enthebt den Schüler der Notwendigkeit, sich diese entlegene
Tatsache selbst ins Gedächtnis zu rufen. Trotzdem prüft diese Aufgabe noch
Leistung auf dem Niveau *Synthese*, weil die Erkenntnis, daß die gegebene
Aussage für den Beweis geeignet ist, selbst ein Schritt der Synthese ist.
Wie wir betont haben, kann ein und dieselbe Aufgabenlösung — je nach den
Vorerfahrungen des Lernenden — ganz verschiedenen kognitiven Niveaus
zugeordnet werden. Andererseits gibt es gelegentlich zu einem bestimmten
Problem verschiedene Lösungswege, denen jeweils [trotz gleicher Vorerfahrungen des Lernenden] verschiedene kognitive Niveaus entsprechen. Für
gewisse Probleme gibt es auf dem Niveau *Synthese* eine Lösung, die Mathematiker „elegant" nennen würden, aber die Lösung kann auch durch ein oft
mühsameres Vorgehen erreicht werden, indem man einen bekannten Algorithmus anwendet. Welches Verfahren ein Schüler jeweils anwendet, kann ein
ziemlich brauchbares Maß seiner mathematischen Reife sein.
Natürlich bedeutet die Möglichkeit von Lösungen verschiedenen Niveaus für
dasselbe Problem, daß der Lehrer vor der Festsetzung des Denkniveaus, auf
dem ein Schüler ein bestimmtes Resultat erreicht hat, sicher sein muß,
welches Verfahren er benützt hat. Solche Probleme sind nicht sehr geeignet
für die multiple choice-Form, es sei denn, die Testaufgabe ist so formuliert,

daß neben dem Ergebnis selbst auch ein Teil des Lösungsprozesses geliefert werden muß.

Es folgen zwei Probleme, für die es alternative Lösungen gibt, eine auf dem Niveau *Synthese* und eine auf dem Niveau *Verstehen*. Sie stellen gleichzeitig Beispiele für den Unterschied zwischen algorithmischem Denken und Problemlösen auf höherem Niveau dar.

Testaufgabe 7
Wie lautet der Wert der Summe

$$\frac{1}{1\cdot 2} + \frac{1}{2\cdot 3} + \frac{1}{3\cdot 4} + \frac{1}{4\cdot 5} + \frac{1}{5\cdot 6} + \frac{1}{6\cdot 7} + \frac{1}{7\cdot 8} + \frac{1}{8\cdot 9} ?$$

(1) $2\frac{1}{9}$

(2) $1\frac{8}{9}$

(3) $\frac{7}{9}$

(4) $\frac{8}{9}$

(5) Irgend eine andere Zahl.

Ein Schüler, der in dem gegebenen Ausdruck einfach eine ziemlich lange Summe von Brüchen sieht, kann durch sukzessive Anwendung des Additionsalgorithmus für Brüche zur Antwort gelangen. Dies wäre Leistung auf dem Niveau *Verstehen*. Hat ein Schüler jedoch schon gelegentlich mit langen Summen dieser Art, bei denen die Teilterme einer allgemeinen Regel folgen, gearbeitet, so ist denkbar, daß er bei den nacheinander auftretenden Summen folgendermaßen nach einem Muster sucht:

a) Summe von 1 Teilterm: $\frac{1}{2}$

Summe von 2 Teiltermen: $\frac{1}{2} + \frac{1}{6} = \frac{2}{3}$

Summe von 3 Teiltermen: $\frac{2}{3} + \frac{1}{12} = \frac{3}{4}$

b) Es sieht so aus, als ob jede Summe dieser Reihe derart aufgebaut ist, daß der Zähler um 1 kleiner ist als der Nenner und der Zähler gleich der Anzahl der Teilterme in der Summe ist. Auf der Grundlage dieser Verallgemeinerung und mit den Wahlantworten vor sich, kann der Schüler vernünftigerweise vermuten, daß die richtige Antwort unter (4) zu finden ist. Ein Schüler, der das Verfahren der vollständigen Induktion kennt, könnte einen Beweis führen, dessen tragende Idee folgendermaßen lautet:

c) Wir versuchen zu zeigen, daß die Summe von n Teiltermen gleich $\frac{n}{n+1}$ ist.

Der $(n + 1)$-te Teilterm ist $\dfrac{1}{(n + 1) \cdot (n + 2)}$; somit lautet die Summe von $n + 1$

Teiltermen: $\dfrac{n}{n + 1} + \dfrac{1}{(n + 1) \cdot (n + 2)}$, und das ist gleich $\dfrac{n + 1}{n + 2}$.

Der Unterschied zwischen diesen beiden Methoden, dasselbe Problem zu lösen, macht sehr schön den Unterschied zwischen den niedrigeren und höheren Niveaus des mathematischen Denkens deutlich. Die erste — algorithmische — Lösungsmethode beruht nur auf dem Verstehen der Regel für die Addition von Brüchen und dem Assoziativgesetz. Der Schüler muß wissen, wie man Brüche richtig addiert, und ihm muß bewußt sein, daß er jede beliebige Anzahl von Brüchen addieren kann. Der entscheidende Schritt für einen solchen Schüler besteht darin, daß er die Aufgabe als ein Problem der Addition von Brüchen auffaßt und sich den geeigneten Algorithmus ins Gedächtnis ruft.
Die vollständige Lösung durch Induktion hat zwei Kennzeichen, die sie als exemplarisch für Leistung auf dem Niveau *Synthese* ausweisen. I) Mehrere Sätze und Fertigkeiten werden kombiniert: Eine heuristische Methode, wie man eine lange Summe von regelhaften Termen in Angriff nimmt (natürlich muß erst gesehen werden, daß die Terme einem Bildungsgesetz folgen); die Fähigkeit, zunächst eine Situation zu erkennen, in der die Anwendung der vollständigen Induktion sinnvoll ist, und dann die Induktion auszuführen; die Fähigkeit, eine allgemeine Beziehung symbolisch auszudrücken und gewisse algebraische Umformungen durchzuführen. II) Die Prinzipien, die verstanden und auf das gegebene Material angewandt werden müssen, sind ziemlich entfernt von dem Problem in seiner gegebenen Form. In unserem Beispiel wird der Schüler weder explizit angeleitet, bei seiner Lösung die vollständige Induktion zu verwenden, noch wird ihm gesagt, daß er das spezielle Problem durch Auffinden einer allgemeinen Lösung in Angriff nehmen soll.
Ohne den Beweis dürfte die zweite Lösungsvariante ein etwas geringeres Leistungsniveau darstellen. Wie in unseren ersten drei Beispielen zu *Synthese* besteht auch hier der Hauptschritt in einer Abstraktion aus einer Menge von numerischen Beispielen. Um seine Vermutung bezüglich der Summe mit einiger Gewißheit aufzustellen, dürfte der Schüler wahrscheinlich einige Erfahrungen mit Partialsummen von Reihen, die einem allgemeinen Muster folgen, benötigen. Bei diesem Problem bringt wiederum die Formulierung als multiple choice-Aufgabe die Lösung auf höherem Niveau in die Reichweite eines Schülers, der das Beweisverfahren der vollständigen Induktion nicht gelernt hat, und regt die Aufstellung einer Vermutung an.
Bei dem gerade gegebenen Beispiel bestehen — je nach dem eingeschlagenen Lösungsweg — beträchtliche Unterschiede im Ausmaß an Wissen und Verstehen, das jeweils für die Lösung notwendig ist. Unser nächstes Beispiel betont augenfällig ein Kennzeichen des Denkens auf höherem Niveau, das unabhängig ist von der Zahl der auf das gegebene Problem angewandten Sätze. Dies ist

die Fähigkeit, einen gegebenen Sachverhalt in einer andern Weise zu sehen als die, die direkt durch die Problemstellung nahegelegt wird.

Testaufgabe 8
Die Diagonale eines Quadrates ist 12 cm lang. Wie viele cm² beträgt der Flächeninhalt des Quadrates?

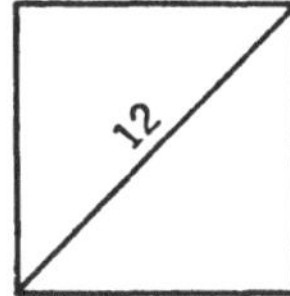

Bild 6

Ein Schüler, der eine gute Auffassung des Satzes von Pythagoras und der Formel für den Flächeninhalt eines Quadrates hat, könnte diese beiden Sätze folgendermaßen auf das Problem anwenden:

a) Ich kenne die Länge der Diagonale, aber ich muß die Länge einer Seite finden und quadrieren.
b) Zwei aneinanderstoßende Seiten und eine Diagonale bilden ein rechtwinkliges Dreieck; somit kann ich schreiben: $s^2 + s^2 = 12^2$ und nach dem Flächeninhalt s^2 auflösen.
c) $s^2 = 72$.

Diese Methode, ein Beispiel für algorithmisches Denken auf dem Niveau *Verstehen* oder *Anwenden*, dürfte wahrscheinlich von einem Schüler befolgt werden, der Anwendungen des Satzes von Pythagoras kennengelernt hat. Es ist auch die wahrscheinlichste Methode für einen Schüler, der die Tendenz hat, nach Lösungen durch direkte Berechnung zu suchen. Ein Schüler jedoch, der den Satz des Pythagoras nicht gelernt hat, müßte nach einer Umstrukturierung der gegebenen Situation suchen. Für die folgende Lösung, die typisch für Leistung auf dem Niveau *Synthese* ist, muß der Schüler zumindest intuitiv wissen, daß das Maß der spitzen Winkel 45° ist, und daß Zerlegen einer Figur und Wiederzusammensetzen der Teile den Flächeninhalt nicht verändert.

a) Das gegebene Quadrat zerschnitten werden: 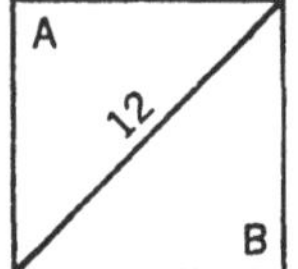 könnte entlang der Diagonale

Bild 7

und in folgender Weise zusammengesetzt werden: 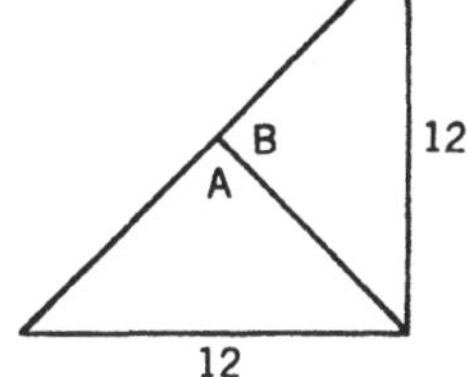

Bild 8

b) Der Flächeninhalt dieses rechtwinkligen Dreiecks ist: $\frac{1}{2}(12 \cdot 12) = 72$.

Diese beiden Lösungen zum selben Problem zeigen ziemlich deutlich den Unterschied zwischen der direkten Anwendung von Algorithmen, wie sie für mathematische Leistung niedrigeren Niveaus kennzeichnend ist, und der vollständigen, für das Niveau der *Synthese* charakteristischen (und in diesem Beispiel buchstäblichen) Neuordnung der Teile entsprechend den Erfordernissen der Lösung.

5 Was kann der Lehrer tun?

5.1 Vom Erreichen der Unterrichtsziele

Diese Monographie begann mit einigen Bemerkungen zu den Zielen des Mathematikunterrichts in der Schule. Wir haben behauptet, daß ein wichtiger Grund, Mathematik zu unterrichten, im Wert der Mathematik an sich besteht. Um dieses Ziel zu erreichen, sind viele der neuen Lehrpläne in Mathematik mit der Absicht entworfen worden, den Schülern die Wertschätzung mathematischer Strukturen zu erleichtern und ihnen den Zugang zu wirklich mathematischen Prozessen zu eröffnen, indem schon früh solche präzisen Symbole und Definitionen eingeführt werden, die den mathematischen Methoden ihre Kraft geben. Eine außerordentlich wichtige Rolle im Lernprozeß spielt der Kontakt mit den Methoden, durch die die Mathematik sich entwickelt hat, nämlich der neuartigen Anordnung von bekannten, aber verschiedenartigen Ideen, um neue Schlußfolgerungen hervorzubringen. Der beste Weg, diesen Kontakt zu bewerkstelligen und zu erreichen, daß die Schüler das Charakteristische der Mathematik verstehen, führt über die Beschäftigung der Schüler mit der Lösung mathematischer Probleme. Lehrer sollten deshalb versuchen, ihren Schülern die Fähigkeiten mathematischen Denkens auf höherem Niveau zu vermitteln. Trotzdem besteht ein größerer Teil ihrer Arbeit darin, daß sie eine vorgegebene Sammlung von Wissen lehren und innerhalb dieses Wissensschatzes eine Vielfalt von Lösungsverfahren für Probleme entwickeln.
Wenn wir einen Schüler die Lösung eines gegebenen Problems lehren und ihn dann auffordern, die Lösung desselben Problems wiederzugeben oder dasselbe Verfahren für die Lösung eines sehr ähnlichen Problems zu verwenden, so gehört die Leistung des Schülers zum Niveau *Wissen*, *Verstehen* oder *Anwenden*. Dieser Unterricht ist eine sehr lohnende Aufgabe und ein großer Teil unserer Arbeit in der Schule ist ihm gewidmet. Es versteht sich auch von selbst, daß eine gründliche Unterweisung auf diesem Niveau den Schülern hilft, die Fähigkeit der Problemlösung auf einem höheren Niveau zu entwickeln.

5.2 Aufgabenanalyse

Ein Verfahren, das den Lehrern helfen dürfte, algorithmisches Problemlösen zu lehren und die Voraussetzungen für Leistung auf höherem Niveau zu verstehen, ist die Aufgabenanalyse [task analysis]. Dieses Verfahren wurde von

Gagné (1963) entwickelt, um es beim Entwurf von Übungsprogrammen für komplexe Fähigkeiten zu verwenden. Die grundlegende Vorstellung bei der Aufgabenanalyse ist, daß man eine komplexe Aufgabe in einzelne Teilaufgaben zerlegen kann und zwischen diesen eine gewisse Beziehung, sei es zeitlich oder sonstwie, feststellen kann. Übung und Lösung der Teilaufgaben muß der Übung und Lösung der gesamten Aufgabe vorhergehen.

Ein Beispiel zeigt, wie dieses Verfahren gerade in der Mathematik, wo ein großer Teil der Inhalte von Natur aus aufeinander aufbaut, auf Aufbau und Inhalt des Unterrichts angewendet werden kann, um bestimmte vorgegebene Lernziele zu erreichen. Nehmen wir an, daß der Lehrer bei der Entwicklung des Zusammenhangs zwischen der Faktorzerlegung von Polynomen und der Faktorzerlegung von ganzen Zahlen die Tatsache herleiten will, daß der Term $n^2 - 1$ für $n \in \mathbb{N}$ höchstens eine Primzahl ergeben kann. Er muß die Herleitung analysieren, um sicher zu sein, daß seine Schüler die Definitionen und Sätze, die bei jedem Schritt verwendet werden, kennen. Die Schritte des Beweises sind die Teilaufgaben, und die Gesamtaufgabe wird erfüllt durch die Anordnung der Teilaufgaben derart, daß die gewünschte Herleitung erreicht wird. Hat ein Schüler die verschiedenen Teilaufgaben bewältigt, so besteht der kritische Punkt der Aufgabenlösung darin, zu erkennen, in welcher Weise die Teilaufgaben zusammengesetzt werden können, um eine Lösung des gegebenen Problems hervorzubringen. Eine Analyse der folgenden Art wäre für den Lehrer hilfreich bei der Identifikation der Teilaufgaben für seine Schüler und bei der Feststellung der Schritte, bei denen er Schwierigkeiten erwarten kann.

Zeige, daß $n^2 - 1$ für $n \in \mathbb{N}_0$ höchstens eine Primzahl ergeben kann.

a) Damit $n^2 - 1$ Primzahl ist, muß bei einer Zerlegung von $n^2 - 1$ in zwei Faktoren ein Faktor 1 sein.

Die Schüler müssen die Definition einer Primzahl kennen.

b) $n^2 - 1 = (n + 1) \cdot (n - 1)$;

Die Schüler müssen wissen, wie man die Differenz zweier Quadrate in Faktoren zerlegt.

c) $n + 1 = 1$ oder $n - 1 = 1$;
$n + 1 = 1 \Rightarrow n = 0$;
$n - 1 = 1 \Rightarrow n = 2$;

Die Schüler müssen wissen, wie man einfache lineare Gleichungen mit ganzzahligen Lösungen löst.

d) $n = 0 \Rightarrow n^2 - 1 = -1$;
$n = 2 \Rightarrow n^2 - 1 = 3$;

Die Schüler müssen wissen, wie gegebene Werte in quadratische Ausdrücke eingesetzt werden.

e) 3 ist der einzige Wert von $n^2 - 1$ für $n \in \mathbb{N}_0$, der eine Primzahl ist.

An diesem Beispiel wird klar, daß die Aufgabenanalyse auf Unterrichts- und Prüfungsinhalte angewendet werden muß, wenn man sehen will, über welche mathematischen Fähigkeiten ein Schüler verfügen muß, um eine gegebene Aufgabe erfolgreich zu bewältigen. Bei der Auswahl von Beispielen und Analyse von Lösungsmethoden zu jeder Kategorie unserer Klassifikation mathematischer Leistung haben wir die Aufgabenanalyse benutzt, um zu bestimmen, was ein Schüler bei der Lösung gegebener Probleme zu tun hat. Das jeweils erforderliche Leistungsniveau hängt davon ab, in welchem Verhältnis das, was der Schüler tun muß, zu dem, was er bereits beherrscht, steht. Wenn er in den für die Problemlösung erforderlichen Verfahren bereits explizit unterrichtet wurde, dann gehört seine Leistung zum Niveau Wiedergabe oder algorithmisches Denken. Wenn jedoch eine erfolgreiche Lösung ein gewisses Maß an neuer Einsicht oder neuer Kombination von gelernten Sachverhalten verlangt, gehört sie zum höheren Niveau *Analyse* oder *Synthese*.

Die Tatsache, daß man die vorliegende Lösung irgend eines gegebenen Problems, wie komplex es auch sei, in eine Reihe von Teilaufgaben zerlegen kann, bedeutet, daß die Lösungsmethode explizit unterrichtet werden kann und so den Schülern als ein Lösungsalgorithmus für ähnliche Probleme verfügbar gemacht werden kann. Mathematisches Denken höheren Niveaus ist jedoch nicht algorithmisch; es beruht auf der Fähigkeit des Schülers, das, was ihm beigebracht wurde, in einer für ihn neuen Weise zu verwenden. Deshalb ist die Kernfrage eines Unterrichts, der auf Denken höheren Niveaus zielt, wie man die Fähigkeit der Schüler steigert, den Stoff auf solche Weise aufzufassen, daß neue Einsichten gefördert werden. Wir müssen jedoch noch einmal betonen, daß es bislang eine offene Frage ist, wie sehr der Unterricht im algorithmischen Lösen von Problemen höheren Niveaus die Fähigkeit anregt, neue Probleme zu lösen, die nicht in direkter Beziehung zu den entwickelten algorithmischen Lösungen stehen.

5.3 Es gibt keine etablierte Methode

Wir haben im Vorausgehenden festgestellt, daß es keine allgemein akzeptierte Methode gibt, das Lösen von Problemen auf dem Niveau der *Analyse* oder *Synthese* anzuregen. Mathematisches Denken höheren Niveaus beruht auf der Anhäufung eines Bestandes an wohlverstandenem Wissen und auf der Fähigkeit, scheinbar beziehungslose Begriffe zusammenzubringen und eine Möglichkeit zu sehen, wie auf bislang unbegangenem Pfad die Lösung eines Problems oder die Verallgemeinerung einer Idee erreicht werden kann. Es scheint, daß solches Zusammenbringen, solche bahnbrechenden Lösungen durch Einsichten in Beziehungen zwischen verschiedenartigen Daten bzw. Inhalten entstehen. Es ist nicht genügend über die Bedingungen bekannt, die solche Einsichten bewirken.

Andrerseits können wir bei unseren Analysen von Problemlösungen höheren Niveaus gewisse grundlegende Fertigkeiten identifizieren, die bei mathematischer Leistung auf höherem Niveau eine Rolle spielen. Man kann davon ausgehen, daß wahrscheinlich bei den Schülern Denken auf höherem Niveau angeregt wird, wenn der Lehrer versucht, diese Fertigkeiten den Schülern zu vermitteln und ihnen Beispiele für Problemlösungen auf dem Niveau der *Analyse* und *Synthese* vorzulegen. Ein derartiger Unterricht mag keine hinreichende Bedingung für die Anregung von Denken auf höherem Niveau sein, aber er dürfte eine notwendige Bedingung darstellen.

5.4 Der Lehrer muß sich der vollen Spannweite mathematischer Leistungskategorien bewußt sein

Produktives Denken im Mathematikunterricht, Denken, das neue Einsichten in Beziehungsgefüge hervorbringt, beginnt damit, daß der Lehrer selbst sich des vollen Spektrums mathematischer Leistungskategorien bewußt ist. Ein solches Bewußtsein zu vermitteln war eine Aufgabe der Kapitel III und IV dieser Monographie, in denen wir die Hauptkategorien mathematischer Leistung beschrieben und dazu Beispiele gegeben haben.

5.5 Gutes Verstehen ist wesentlich

Für Denken auf höherem Niveau ist gutes Verstehen mathematischer Begriffe und Operationen eine Grundvoraussetzung auf seiten des Schülers. Betrachten wir noch einmal einige Beispiele für die Notwendigkeit eines gründlichen Verstehens. Kein Schüler kann „ die Zahl der Nullen am Ende von 100! (100! = $1 \cdot 2 \cdot 3 \cdot 4 \ldots \cdot 99 \cdot 100$) finden", es sei denn sein Verstehen der Multiplikationstafel erlaubt ihm die Formulierung von Bedingungen, unter denen man eine Null am Ende einer Zahl erhält. Kein Schüler kann die Gültigkeit des Assoziativgesetzes für die Operation „Bildung des arithmetischen Mittels" in der Grundmenge der rationalen Zahlen untersuchen, wenn er nicht die Operation der Mittelwertbildung und das Assoziativgesetz vollständig verstanden hat. In der 1. Klasse kann das Aufschreiben von Gleichungen der Form $2 + 3 = 5$ die Frage aufwerfen, ob $5 = 2 + 3$ auch eine wahre Aussage ist. Schreibt man den Bruch $\frac{a+b}{c}$ in der Form $\frac{1}{c} \cdot (a + b)$, so wird dadurch für die Schüler die Beziehung zwischen dem multiplikativen Inversen und der Division hervorgehoben und eingeprägt. Betonung der Beziehung zwischen der Faktorzerlegung eines algebraischen Terms und der Erzeugung von Primzahlen verbessert das Verständnis sowohl der Operation der algebraischen Faktorzerlegung als auch des Begriffs der Primzahl. Die Betonung des Unterschieds zwischen Zahlwort und Zahl dürfte klar werden lassen, daß die Zahl sieben nicht dadurch zu einer geraden Zahl wird, daß man sie im Stellenwertsystem mit der Basis fünf als 12 schreibt.

Gutes Verstehen eines Begriffes oder einer Operation bedeutet auch, daß die Menge der Beispiele, in denen der Schüler den Begriff erkennen oder die Operation anwenden kann, nicht zu eng ist. So können Lehrer gutes Verstehen neuer mathematischer Begriffe und Operationen begünstigen, indem sie sie, wenn möglich, bei der Einführung auf mehr als eine Weise darbieten und sie zu einer Vielfalt von Situationen in Beziehung setzen und indem sie die Schüler veranlassen, ihre Anwendbarkeit auf verschiedenartige Inhalte zu erkennen.

5.6 Man setze zahlreiche Modelle ein

Eine wichtige Methode zur Vertiefung des Verstehens ist der Hinweis auf Modelle, die eine gegebene Struktur in der Realität verkörpern. Man kann z.B. die Orthogonalprojektion als eine abstrakte geometrische Abbildung lehren; aber das Verständnis der Schüler für das Wesentliche der Orthogonalprojektion dürfte vertieft werden, wenn darauf hingewiesen wird, daß sie als Schattenwurf beim Stand der Sonne im Zenit aufgefaßt werden kann. Schüler dürften ein tieferes Verstehen eines Systems von Axiomen in der Geometrie erreichen, wenn ihnen Modelle von endlichen Geometrien geboten werden, in denen Bushaltestellen bzw. Schüler bzw. Bücher Punkte darstellen und Buslinien bzw. Ausschüsse bzw. Bibliotheken Geraden darstellen. Die Symmetrien einer geometrischen Figur dürften von mehr Schülern erfaßt werden, wenn diese auch unter dem Gesichtspunkt betrachtet werden, auf wie viele Weisen die Figur in einer passenden Schachtel aufbewahrt werden kann.

Mathematik ist ihrem Wesen nach das Studium von Beziehungen. Solche Beziehungen werden letztlich abstrahiert und in bezug auf die Natur der Elemente, zwischen denen sie bestehen verselbständigt. Zum Verstehen von mathematischen Beziehungen trägt es jedoch sicherlich bei, wenn man auf ihr Auftreten in einer großen Vielfalt von Modellen in der Umwelt hinweist.

Der Lehrer sollte bei jedem Unterrichtsthema nach solcher Bereicherung der Anschauung suchen. Es genügt nicht, zu sagen, daß eine Kurve, die einen „Knick" hat, keine eindeutige Ableitung an diesem Punkt hat. Die Schüler sollten dazu aufgefordert werden, den Graph von $y = |x|$ und $y = x^2 - |x|$ zu zeichnen und die Existenz der Ableitung bei $x = 0$ zu untersuchen. Bei der Behandlung der Funktion $y = ax$ sollte die Tatsache erwähnt werden, daß a für $a > 0$ ein „Streckungs- und Stauchungs"-Operator ist und für $a < 0$ zusätzlich ein „Wende"-Operator ist. Forschungsresultate sprechen dafür, daß ein derartiger Rückgriff auf bildhafte Vorstellungen das Lernen erleichtert. Anscheinend finden Schüler eher Lösungen zu Problemen höheren Niveaus, wenn ihnen für das Nachdenken über die Elemente dieser Probleme vielfältige Vorstellungen zur Verfügung stehen.

In diesem Zusammenhang ist es wesentlich, den Schüler nach relevanten Modellen und Anwendungen suchen zu lassen. Auf dem Niveau *Anwendung* besteht das übliche Vorgehen darin, daß dem Schüler eine Textaufgabe vorgelegt wird, die er in ein mathematisches Modell, etwa eine Gleichung oder eine Folge, übersetzen soll. Wenn wir den Schüler mit einem mathematischen Modell in einem gegebenen Gebiet konfrontieren und ihn auffordern, ein Modell in der Realität oder in einem anderen Gebiet, auf das das mathematische Modell angewandt werden kann, zu finden, so gehen wir sicher über das Niveau *Anwendung* hinaus in die Kategorien *Analyse* und *Synthese*. Andererseits kann der Reichtum solcher Modelle immer durch die frühere Erfahrung des Lernenden und das heißt, durch die Anreicherung des Unterrichts mit einer Vielzahl von Modellen vermehrt werden.

Eine wohlbekannte und wirksame Methode in der Mathematik besteht darin, daß man ein und dasselbe Problem in unterschiedlichem Kontext betrachtet. Diese „Mehrmodellmethode" [multiple-embodiment approach] wurde früher an der Stelle des Lehrplans angewendet, an der $(a + b)^2 = a^2 + 2ab + b^2$ gelehrt wurde, indem die Fläche eines Quadrats mit der Seitenlänge $a + b$ in vier Teile gemäß Bild 9 geteilt wurde. Dieses Vorgehen stammt von den Griechen, die algebraische Aussagen in geometrischer Form angaben.

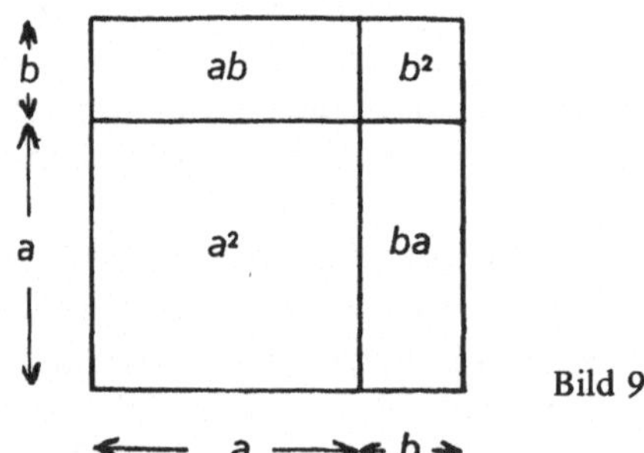

Bild 9

Baut man die Algebra strukturell und axiomatisch auf, so wird für den Beweis desselben Satzes das Distributivgesetz verwendet. Jedoch dürften die Schüler ein tieferes Verständnis dieser Formel erwerben, wenn sie auch das geometrische Modell kennenlernen.

In ähnlicher Weise wird der Satz, daß das arithmetische Mittel zweier positiver Zahlen niemals kleiner als ihr geometrisches Mittel ist, gewöhnlich algebraisch in der folgenden Weise bewiesen:

$$(a - b)^2 \geqslant 0;$$
$$a^2 + b^2 \geqslant 2ab;$$
$$\frac{a^2 + b^2}{2} \geqslant ab;$$

Nun ersetze man a durch $\sqrt{a}$ und b durch $\sqrt{b}$.

Dieser Satz läßt sich folgendermaßen geometrisch herleiten: Zeichnet man einen Halbkreis über einer Strecke der Länge a + b und errichtet gemäß der Figur (Bild 10) in P das Lot, so ist die Länge dieses Lotes das geometrische Mittel aus a und b und gleichzeitig niemals größer als der Radius, der gleich dem arithmetischen Mittel aus a und b ist.

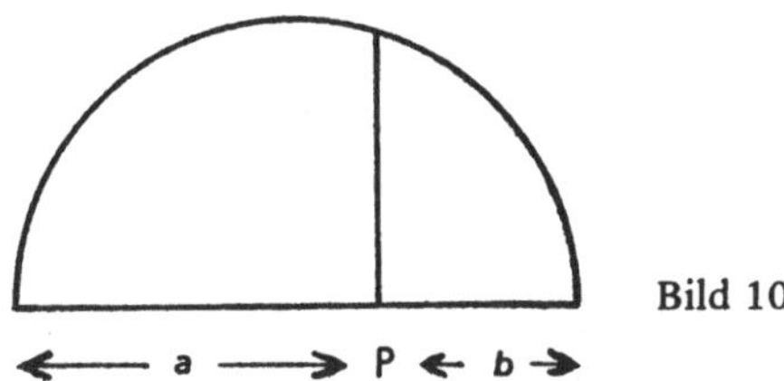

Bild 10

Man kann zahlreiche Fälle angeben, in denen ein Problem in einer bestimmten Darstellung sehr schwer zu lösen ist, aber unmittelbar klar wird, wenn es in einer anderen Darstellung vorgelegt wird. Der Beweis des Satzes von Desargues über die Verbindungslinien entsprechender Ecken zweier Dreiecke ist in der euklidischen Ebene sehr mühsam und kompliziert, liegt jedoch auf der Hand, wenn die ebene Konfiguration als eine Projektion aus dem dreidimensionalen Raum aufgefaßt wird. Das berühmte Königsberger Brückenproblem wird leichter lösbar, wenn es interpretiert wird als das Problem, eine bestimmte Figur in der Ebene ohne Absetzen des Bleistifts zu zeichnen. Schüler sollten sich der Möglichkeit bewußt sein, daß ein Problem möglicherweise dadurch gelöst werden kann, daß man es in einer anderen Form darstellt, und sollten über eine Vielfalt von Vorstellungsweisen für Probleme aus einzelnen Gebieten verfügen.

5.7 Man konfrontiere die Schüler mit Problemlösungen auf höherem Niveau

Gutes Verständnis mathematischer Begriffe einmal vorausgesetzt, müssen die Schüler zusätzlich ein Bewußtsein dafür entwickeln, daß es gewisse Standardmethoden zur Lösung von Problemen auf höherem Niveau gibt. Wir haben auf diese Tatsache bei unseren Analysen von Problemlösungen auf höherem Niveau Bezug genommen, wenn wir auf eine Beweisform, eine Zugangsmethode oder ein allgemeines Prinzip, welches bei einer speziellen Lösung benutzt wurde, hingewiesen haben. Es kann nicht erwartet werden, daß schließlich jeder Schüler über die Fähigkeit, diese Verfahren in gegebenen Beispielen anzuwenden, verfügt, aber alle Schüler sollten bis zu einem gewissen Grad auch solche Probleme kennenlernen.

Manchmal sind es sehr einfache Prinzipien, die bei der Lösung von Problemen auf höherem Niveau angewendet werden; sie erscheinen ohne weiteres einsichtig, können aber zum Beweis von sehr interessanten mathematischen Sätzen benutzt werden. Ein solches Prinzip ist das folgende: Legt man m Gegenstände in n Schubladen und gilt $m > n$, dann muß mindestens eine Schublade mehr als einen Gegenstand enthalten. Dieses Prinzip wird gewöhnlich das (Dirichlet'sche) Schubfachprinzip genannt. Es kann benutzt werden, um zu beweisen, daß die Dezimaldarstellung einer rationalen Zahl $\frac{a}{b}$ ($a, b \in \mathbb{N}$) entweder abbrechend oder periodisch ist. Der Beweis beruht auf der Tatsache, daß bei der Division von a durch b mit Hilfe des schriftlichen Divisionsalgorithmus nur endlich viele verschiedene Reste, nämlich 0, 1, 2, 3, ... $b - 1$ auftreten können. Deshalb tritt nach einer gewissen Anzahl von Schritten (spätestens beim b-ten Schritt) entweder der Rest 0 auf oder ein Rest, der bereits früher aufgetreten ist, wiederholt sich. Im ersten Fall erhalten wir einen endlichen Dezimalbruch (dieser kann auch als ein unendlicher periodischer Dezimalbruch mit der Periode $\bar{0}$ betrachtet werden). Im zweiten Fall wird die Dezimaldarstellung periodisch, weil die Ziffernfolge (die Periode), die man seit dem ersten Auftreten des Restes errechnet hat, sich nun wiederholt. Dasselbe Prinzip kann verwendet werden, um zu beweisen, daß für drei beliebige, nicht durch 3 teilbare ganze Zahlen a, b, c das Produkt der drei Differenzen $P = (a - b)(b - c)(c - a)$ immer durch 6 teilbar ist. Bei der Division durch 2 können nur zwei Reste auftreten, nämlich 0 und 1. Mindestens zwei der drei Zahlen a, b, c haben folglich denselben Rest und ihre Differenz ist durch 2 teilbar. Ebenso sind bei der Division von a, b, c nur die Reste 1 und 2 möglich, da 0 als Rest durch die Voraussetzung „nicht durch 3 teilbar" ausgeschlossen ist. Mindestens zwei der drei Zahlen a, b, c haben also denselben Rest und ihre Differenz ist durch 3 teilbar.

Die Hauptsache bei der Vermittlung von Fähigkeiten zur Lösung von Problemen höheren Niveaus ist, daß die Lernenden immer wieder — sowohl im Unterricht als auch in Prüfungen — mit Problemen jeden Schwierigkeitsgrades konfrontiert werden. Es gibt eine Vielzahl von Möglichkeiten, solch eine Konfrontation zu gewährleisten.

Die vielleicht nächstliegende besteht darin, die Lösung eines schwierigen Problems vorzuführen und dabei Schritt für Schritt die Gründe für das jeweilige Vorgehen hervorzuheben. Wenn Schüler auf diese Art mit Problemen höheren Niveaus konfrontiert werden, bekommen sie eine Vorstellung von dem, was sie bei der Entwicklung eines neueh Beweises oder einer Herleitung brauchen.

5.8 Man betone allgemein anwendbare Strategien

Wenn der Lehrer innerhalb eines bestimmten Unterrichtsthemas die Lösung eines Problems höheren Niveaus erläutert, sollte er diejenigen Aspekte der Lösung hervorheben, die auch in anderen Situationen anwendbar sind. Dazu gehören solche Beweisstrategien wie die Suche nach Zahlenbeispielen, die eine gegebene Bedingung erfüllen, mit anschließender, auf diesen Beispielen aufbauender Verallgemeinerung (vgl. Aufgabe 4 zu *Synthese* auf Seite 33), die Ableitung einer Eigenschaft für alle Zahlen, die eine gegebene sprachlich formulierte Bedingung erfüllen, durch Aufstellung eines algebraischen Ausdrucks für solche Zahlen (vgl. Aufgabe 2 zu Analyse auf Seite 27, die Verwendung von indirektem Beweis und Gegenbeispielen, die Neuformulierung eines Problems im Kontext eines anderen Gebietes (siehe Seite 46) und viele andere.

Es gibt eine Tendenz in der Mathematik, Beweise und die Entwicklung von Theorie möglichst elegant und knapp darzustellen. Solche Eleganz wird z.B. in Veröffentlichungen professioneller Mathematiker angetroffen. Auf dem Niveau der Schule jedoch kann der Übergang zum Denken auf höherem Niveau dadurch erleichtert werden, daß bei einem mathematischen Gedankengang jeweils die Gründe, die zu den einzelnen Schritten geführt haben, herausgearbeitet werden. Die Angabe derartiger Begründungen wird erleichtert, wenn vorzugsweise solche Methoden verwendet werden, die verallgemeinerbar und auf neue Situationen anwendbar sind. Z.B. wird die quadratische Gleichung $ax^2 + bx + c = 0$ üblicherweise mit Hilfe der sogenannten quadratischen Ergänzung gelöst. Diese Methode ist jedoch nicht auf nichtquadratische Fälle verallgemeinerbar. Zu bevorzugen wäre etwa die Methode, bei der nach der Substition $x = y + t$ in der neuen quadratischen Gleichung mit der Variablen y der Parameter t so gewählt wird, daß das lineare Glied verschwindet; denn diese Methode ist auf Gleichungen höheren Grades verallgemeinerbar. Der durch diese Methode erreichte Vereinfachungseffekt wird noch deutlicher durch den Hinweis, daß die Substition $x = y + t$ leicht als Achsentransformation (Verschiebung) interpretiert werden kann, wobei die geeignete Wahl von t die Parabel in eine Lage bringt, bei der man die Lösungen der neuen Gleichung durch Ziehen der Quadratwurzel erhalten kann. Diese Methode wird bei der Lösung der kubischen Gleichung angewandt, um den Term, der x^2 enthält, loszuwerden. Ähnlich ist das Iterationsverfahren zur Berechung der Quadratwurzel einer positiven Zahl der [früher] üblichen Methode vorzuziehen, weil es leichter für andere Wurzeln verallgemeinert werden kann.

Um Probleme auf höherem Niveau zu lösen, müssen Schüler Strategien, wie man nicht-algorithmische Probleme in Angriff nimmt, kennen und anwenden können. Beispielsweise erhält man bei den meisten unserer Probleme zum Niveau *Analyse* unmittelbar einen Zugang zur Lösung, wenn man sich zunächst selbst fragt „was weiß ich?" und dann seine Kenntnis der gegebenen Stücke des Problems ausnützt.

G. Polya's „Schule des Denkens" (1980^3) enthält eine Fülle weiterer, nützlicher Fragen dieser Art und beschreibt explizit eine Art von innerem Dialog, den der Lösende mit sich selbst führen sollte. Der Lehrer wird in diesem kleinen Buch einen hilfreichen Führer zur Erklärung von Problemlösungen finden.

5.9 Man unterrichte Verfahren, nicht Formeln

Ein Aspekt der Betonung von verallgemeinerbaren Strategien ist der Gedanke, daß Lehrer, wann immer möglich, mehr die Verfahren, die zu Lösungen führen, als die Endergebnisse in Gestalt von Formeln betonen sollten. Der Schüler, der den Flächeninhalt unregelmäßiger Figuren dadurch gefunden hat, daß er sie (tatsächlich oder in Gedanken) zerschnitten hat und die Teile zu einer Figur mit bekanntem Flächeninhalt wieder zusammengesetzt hat, wird vermutlich eher die *Synthese*-Lösung des Quadrat-Problems auf Seite 39 finden, als ein Schüler, dem einfach eine Liste von Formeln zur Berechnung von Flächeninhalten gegeben worden ist. Die erstgenannte Art, etwas über Flächeninhalte zu lernen, ist wirksamer hinsichtlich der Erzeugung von Lösungen zu neuen Problemen. In ähnlicher Weise ist bei der Behandlung des größten gemeinsamen Teilers der euklidische Algorithmus zur Bestimmung des ggT nicht weniger wichtig als der Begriff selbst, weil dieses Verfahren später auf die Lösung von diophantischen Gleichungen, die eindeutige Faktorzerlegung und viele andere Gebiete verallgemeinerbar ist. Spezielle Probleme sollten mit Hilfe von Analogie, durch allgemein anwendbare Verfahren oder durch Methoden, die bereits früher zur Herleitung von Lösungen verwendet wurden, gelöst werden, und die Vielseitigkeit der Methoden sollte durch Angabe weiterer Probleme, die auf die gleiche Weise gelöst werden können, hervorgehoben werden. In dieser Hinsicht ist beispielsweise der Zugang zu den Kegelschnitten über Leitlinieneigenschaften dem Zugang, der Summe und Differenz von Entfernungen benutzt, vorzuziehen, weil beim erstgenannten Zugang allein der Begriff des Abstandsverhältnisses eines Punktes zu Brennpunkt bzw. Leitlinie alle gewünschten Gleichungen liefert, wenn der Wert des Verhältnisses geeignet variiert wird.

5.10 Man baue den Unterricht auf Problemen auf

Darüber hinaus, daß die Schüler die für das Denken auf höherem Niveau typischen Strategien kennenlernen, kann der Lehrer die Auffassung, daß Problemlösen ein wesentlicher Teil der Mathematik ist, durch die Art und Weise, wie er einen neuen Stoff einführt, fördern. Viele Begriffe und Operationen können mit Hilfe von Problemen eingeführt werden, die sich auf dem jeweiligen Kenntnisstand der Schüler formulieren lassen. Der Lehrer sollte es sich zur Gewohnheit machen, nach Erledigung des Tagespensums ein Problem zu stellen, das in das nächste Thema einführt. Dieses Vorgehen betont die Kontinuität des mathematischen Lernprozesses und weist auf die fundamentale Idee hin, daß ein großer Teil des mathematischen Wissens durch Versuche, Probleme zu lösen, zusammengetragen worden ist.

Eine wichtige Rolle spielt bei diesem Vorgehen, daß die Bereitschaft der Schüler, selbst Fragen zu stellen, gestärkt wird. Diese Bereitschaft kann sogar in den Fällen gefördert werden, in denen es wegen fehlender Zeit oder fehlendem Vorwissen keine Möglichkeit gibt, die Fragen unmittelbar zu beantworten. So sollte bei jedem Unterrichtsthema routinemäßig gefragt werden: „Welche Fragen können wir hier stellen?" Die Art dieser Fragen zeigt klar die von den Schülern erreichte Verständnistiefe und Verallgemeinerungsfähigkeit. Die Hauptfrage sollte immer sein: „Was können wir über das bereits Untersuchte hinaus noch untersuchen?" So sollte das Kind, das etwas über gerade und ungerade Zahlen lernt, dazu angeregt werden, Fragen über die Geradheit oder Ungeradheit von Summen und Differenzen solcher Zahlen zu stellen. Das Kind, das den Begriff der Primzahl lernt, sollte angeregt werden, nach der Anzahl solcher Zahlen, nach Zahlabschnitten, in denen keine Primzahlen auftreten, und nach Ähnlichem zu fragen. Das Kind, das den Begriff der Quadratzahl lernt, sollte angeregt werden, Fragen über die Folge, die Dezimaldarstellung, Erzeugungsmethoden dieser Zahlen usw. zu stellen. Die Fragen der Schüler können die Untersuchung aller Aspekte eines Themas veranlassen. Bei der Betrachtung der linearen Gleichung der Form $y = ax + b$ und ihrer graphischen Darstellung sollten die Schüler fragen: „Was passiert, wenn a gegen 0 geht? Wenn a beliebig groß wird? Wenn a das Vorzeichen wechselt? Welchen Einfluß hat die Variation von b?" usw.

Es scheint, daß bei der derzeit laufenden Diskussion über die Vorteile der Methode des entdeckenden Lernens der Aspekt vergessen wurde, daß es der Lernende sein muß, der die Fragen stellt, zu denen die Antworten entdeckt werden sollen. In dieser Phase der Suche nach relevanten und fruchtbaren Fragen muß der Schüler alle seine früher gesammelten Kenntnisse durchgehen, in Erinnerung rufen und zum vorliegenden Sachverhalt in Beziehung setzen. Wie wir gesehen haben, ist dieser Akt des Erinnerns und in Beziehungsetzens ein wesentlicher Teil eines Prozesses auf dem Niveau *Analyse-Synthese*. Somit ist es eine wichtige Aufgabe des Lehrers, die Schüler bei der Stellung geeigneter Fragen anzuleiten. Selbst wenn der Lehrer die Antworten selbst liefert, kann er das in einer Art und Weise tun, die den Schülern beim Lösen der Probleme hilft. Ein Lehrer, der einen bestimmten Sachverhalt darstellt,

kann bei jedem Entwicklungsschritt unterbrechen und fragen, welcher Schritt
als nächster folgen sollte. Auch wenn er die Frage selbst beantwortet, wird
ihm wahrscheinlich, wenn er seine Entwicklungsschritte im richtigen Abstand
wählt, ein größerer Teil seiner Schüler folgen und zumindest intuitiv den
nächsten Schritt entdecken. Bei manchen Darbietungsformen einer Vorlesung
kann ein großer Teil der Hörerschaft dem Vortragenden einen Schritt voraus
sein, und ,,entdecken'', was er als nächstes sagen wird.

Es ist offensichtlich, daß wir Problemlösen auf höherem Niveau nicht als
bloßen Zeitvertreib für interessierte Schüler ansehen, sondern als einen sehr
wichtigen Aspekt eines jeden Wissensbereiches und somit als einen wesentlichen Teil des Curriculums. Bei jedem Unterrichtsthema sollte der Lehrer
nach Problemen suchen, die seinen Schülern helfen, in tiefere Schichten
des Stoffes einzudringen und sich auf weitergehende Entwicklungen einzu-
lassen. Selbst in den Fällen, in denen der Lehrer nicht erwarten kann, daß
seine Schüler die Probleme selbst lösen, wird er den Lernprozeß dadurch verbessern, daß er die Probleme klar darstellt und den Weg zur Lösung mit dem
eben beschriebenen Schritt-für-Schritt-Verfahren zeigt. Er kann dann mehr
Leistung auf höherem Niveau erwarten.

5.11 Bewertung von Schülerleistungen

Wir haben bereits früher den Zusammenhang zwischen Lernen und Leistungs-
messung angesprochen: Die einzige Methode, mit der wir messen können, ob
ein Schüler etwas gelernt hat, besteht in der Beobachtung, ob er etwas tun
kann, was er vorher nicht konnte. Der Lehrer sollte also den Lernfortschritt
seiner Schüler zu irgendeinem Unterrichtsstoff durch eine sorgfältige Prüfung
nach Abschluß der Unterrichtseinheit bestimmen. Ein Ziel unserer einführen-
den Abschnitte über Unterrichtsziele war es, dem Lehrer zu helfen, seine
Lernziele als Beschreibung des von den Schülern erwarteten speziellen Verhaltens aufzustellen und anschließend Testaufgaben für die Messung, ob die
Schüler dieses Verhalten erworben haben, zu formulieren.

Wenn wir voraussetzen, daß Problemlösen auf höherem Niveau ein Ziel des
Mathematikunterrichts ist, dann muß der Lehrer im Hinblick auf dieses Ziel
von den Schülern bei der Leistungsbewertung verlangen, daß sie Probleme
auf den Niveaus *Analyse* und *Synthese* lösen. Es ist gut möglich, daß nicht
alle Schüler diese Niveaus erreichen werden. Einige Schüler können dies jedoch
sicherlich, und unsere Bemühungen sollten darauf gerichtet sein, ihre Anzahl
zu erhöhen, soweit dies innerhalb der durch ihr Alter und ihre Begabung
gesetzten Grenzen möglich ist.

Das übliche Verfahren zur Messung, wieweit die Schüler sich den Lehrstoff
angeeignet haben, besteht in einer Prüfungsarbeit unter kontrollierten Bedin-

gungen, bei der in begrenzter Zeit gewisse vorgeschriebene Aufgaben zu bearbeiten sind. Wie aus unserer Diskussion ersichtlich kann Problemlösen auf dem Niveau der *Analyse* oder *Synthese* im allgemeinen unter solchen Bedingungen nicht erfolgreich stattfinden. Die berühmten französischen Mathematiker Poincaré und Hadamard (*Hadamard*, 1945) weisen darauf hin, daß Lösungen, die wirkliche Erfindungsgabe erfordern, manchmal als plötzliche Einsicht nach einer langen Periode bewußten oder sogar unbewußten Nachdenkens auftreten.

Somit kann der Lehrer die Leistungen seiner Schüler auf höherem Niveau dadurch angemessen feststellen, daß er ihnen Probleme als Hausaufgaben zur selbständigen Bearbeitung stellt. Dabei steht dann mehr Zeit für die Bearbeitung zur Verfügung als bei einer Klassenarbeit. In der Tat sollten den Schülern regelmäßig und nicht nur als Teil von Prüfungen herausfordernde Probleme, die an den Unterrichtsstoff anknüpfen, für die häusliche Bearbeitung gestellt werden. Einige wenige Probleme höheren Niveaus sollten auch in den regulären Probearbeiten enthalten sein, aber die Ergebnisse dieser Aufgaben sollten nicht das einzige Mittel des Lehrers sein, die Fähigkeiten seiner Schüler auf dem Niveau *Analyse-Snthese* zu messen.

5.12 Man experimentiere mit Methoden zur Anregung von Denken auf höherem Niveau

Keiner unserer Vorschläge bezüglich der Anregung von mathematischem Denken auf höherem Niveau dürfte für sich allein genügen, erfolgreiches Problemlösen auf höherem Niveau zu initiieren. Tatsächlich dürften die Schüler nach der ersten Einführung eines Begriffes noch nicht so weit sein, den neuen Begriff auf den höheren Niveaus anzuwenden. In diesem Fall ist es die Aufgabe des Lehrers, die Grundlage für eine spätere, produktive Anwendung des Begriffes zu legen, indem er sicherstellt, daß der Begriff bei der Einführung gut verstanden wird.

Problemlösen auf höherem Niveau ist definitionsgemäß nicht algorithmisch. Unterricht, der sich zu sehr auf die Lösung eines bestimmten Problemtyps konzentriert, verhindert es, in anderen Gebieten Denken auf höherem Niveau anzuregen. Die Lösung solcher Probleme schließlich wie einen Algorithmus handhaben zu können, mag die Kenntnisse der Schüler bereichern; im Hinblick auf Originalität im Problemlösen braucht der Schüler jedoch ein weites Spektrum von Erfahrungen, die nicht auf ein bestimmtes Gebiet begrenzt sind. Der Zweck aller Unterrichtsverfahren, die wir beschrieben haben, ist die Anregung der allgemeinen Fähigkeit zum Denken auf höherem Niveau in der Mathematik. Es handelt sich dabei jedoch, wie wir bereits zu Beginn gesagt haben, nur um Vorschläge, nicht um etablierte Verfahren. Der Lehrer sollte es wagen, mit diesen und anderen Methoden zu experimentieren, um die Leistungen seiner Schüler im Problemlösen zu verbessern.

6 Einige zusätzliche Ziele und Anregungen für den Unterricht

Die früheren Kapitel haben sich auf die Hauptziele des Matematikunterrichts konzentriert, Ziele, die üblicherweise in fast jedem Lehrplan als zwingend und verbindlich anerkannt werden. Während der Jahre, in denen dieses Büchlein bei Lehrern und Ausbildern von Lehrern in Gebrauch war, stellten sich nun zwei Dinge heraus:

Das Buch dient erstens einem wichtigen Zweck. Die zahlreiche Leserschaft in den Vereinigten Staaten, Kanada, England und vielen nicht englischsprachigen Ländern zeigt, daß es eine Nachfrage nach einem Buch auf diesem Niveau mit einer elementaren Analyse der grundlegenden Ziele des Mathematikunterrichts gibt.

Zweitens zeigt die positive Reaktion auf das Büchlein, daß der grobe Ansatz des Buches mit nur fünf Niveaus von hierarchisch geordneten Kategorien einer allgemeinen Behandlung des Mathematikunterrichts angemessen ist. Eine weitergehende Analyse überzeugt mich jedoch, daß eine Ausweitung des Modells notwendig ist, eine Ausweitung in zwei Richtungen:

a) Es müssen Teilziele des Mathematikunterrichts betont werden, die in Bezug zu Aspekten mathematischer Leistung stehen, welche in den üblichen Mathematikkursen oft vernachlässigt werden.

b) Die Aufmerksamkeit des Lehrers muß auf bestimmte Teilziele innerhalb der aufgeführten Kategorien gelenkt werden, Teilziele, die für den Lernerfolg des Schülers im jeweiligen Stoffgebiet von entscheidender Bedeutung sind.

Wir behandeln zunächst Teilziele der in b) erwähnten Art. Einige der hierzu aufgeführten Ziele können in die Kategorien *Verstehen* und *Anwendung* eingeordnet werden, während andere der Kategorie *Problemlösen* zugeordnet werden sollten.

Die Beispielaufgaben werden im allgemeinen von anderer Art sein als die in den früheren Kapiteln angegebenen, und wir ziehen es dabei vor, die Aufgaben in einer offenen Form zu belassen.

6.1 Wirksamkeit von Lösungsverfahren

Wenn Schüler gelernt haben, wie man linerare Gleichungen mit einer Variablen („Unbekannten") löst, dann zeigt es sich recht oft, daß das allgemein gebräuchliche Arbeiten „von links nach rechts" zu sehr unökonomischen Lösungswegen führt.

In ähnlicher Weise tendieren Schüler, die den Gebrauch eines bestimmten Algorithmus bis zum Überdruß geübt haben, dazu, diesen Algorithmus auch in Fällen anzuwenden, wo ein anderes Verfahren wirksamer ist und eine Menge Arbeit sparen kann. Dies legt das folgende Lernziel nahe.

Lernziel

Der Schüler sollte die Gewohnheit entwickeln, bei Problemen oder Übungsaufgaben *vor* Inangriffnahme der Lösung nachzudenken, welches das wirksamste Lösungsverfahren sein könnte.

Testaufgabe 1 (Etwa für das 7. Schuljahr)

Löse die Gleichung $2{,}4x + 12 = 3{,}4x + 8$.

Die Erfahrung zeigt, daß viele Schüler zu folgendem Lösungsweg tendieren:

$-x + 12 = 8; \quad -x = -4; \quad x = 4;$

anstatt wie folgt vorzugehen

$12 = x + 8; \quad 4 = x.$

Testaufgabe 2 (Etwa für das 9. Schuljahr)

Löse die Gleichung $(x + 3)^2 + 3(x + 3) + 2 = 0$.

Auch hier wieder werden wegen der übermäßigen Einübung der Formel für $(a + b)^2$ nicht wenige Schüler erst die Klammern auflösen, statt $x + 3 = y$ zu substituieren und die Gleichung $y^2 + 3y + 2 = 0$ zu lösen.

6.2 Verständnis von Begriffen

Eine Quelle für viele Schwierigkeiten beim Lernen der Mathematik bildet die unzulängliche Erfassung fundamentaler Begriffe. Um einen bestimmten Begriff zu lernen und wirksam anwenden zu können, muß sich ein Schüler mit ihm vertraut machen und ihn derart in den passenden Bezugsrahmen innerhalb seiner kognitiven Struktur einordnen, daß der ganze Bezugsrahmen durch diese Einbeziehung des neuen Begriffes beeinflußt wird. Dies führt uns zum folgenden Lernziel:

Lernziel

Ein Schüler sollte in der Lage sein, die Beherrschung eines Begriffes durch korrekte Beantwortung von Sondierungsaufgaben, die sich direkt auf das Verständnis des Begriffes beziehen, zu zeigen.

Auch hier geben wir wieder zwei Beispiele mit Testaufgaben. Die Testaufgaben 1 bis 4 überprüfen das Verständnis des Begriffes „absoluter Betrag von reellen Zahlen".

Testaufgabe 1
Vereinfache die folgenden Ausdrücke (unter der Voraussetzung $x \neq 0$ bzw. $x \neq 1$ bzw. $x \neq -1$) und schreibe deine Antwort jeweils unmittelbar hinter das Gleichheitszeichen:

$$\frac{|x|}{x}= \qquad \frac{-x}{|x|}= \qquad \frac{|x^2|}{|x|^2}= \qquad \frac{x^2}{|x|}=$$

$$\frac{|x|^2}{x}= \qquad \frac{x+1}{|-x-1|}= \qquad \frac{|x-1|}{|1-x|}=$$

Testaufgabe 2
Löse die Gleichungen $|x - 1| = 2$; $|1 - x| = 2$.

Testaufgabe 3
Löse die Ungleichung $|x + 3| > 4$.

Testaufgabe 4
Für welche Werte von a und b gilt $|a + b| = |a| + |b|$.

Testaufgabe 5 überprüft das Verständnis des Begriffes „Steigung einer Geraden". In diesem Beispiel verwenden wir eine andere Aufgabenform, die – mit Verstand benützt – sehr nützlich sein kann, um in einer Prüfung ein tiefergehendes Verständnis eines Begriffes festzustellen.

Testaufgabe 5
Im folgenden werden Angaben über gewisse Geraden gemacht. Versuche unter Verwendung dieser Angaben die Steigung der betreffenden Geraden zu bestimmen.
Markiere jeweils die weiter unten aufgeführten Angaben mit einem Buchstaben, und zwar mit
A, wenn die Angaben ausreichen, um die Steigung zu bestimmen, und alle Einzeldaten für diese Bestimmung gebraucht werden.
B, wenn die Angaben ausreichen, aber einige Einzelangaben überflüssig sind, und die Steigung ohne sie bestimmt werden kann.
C, wenn die Angaben *nicht* ausreichend sind und es mehr als eine, aber höchstens endlich viele, verschiedene Steigungen gibt, die den Angaben genügen.
D, wenn die Angaben *nicht* ausreichen und es eine unendliche Zahl von verschiedenen Steigungen gibt, die den Angaben genügen.
E, wenn die Angaben widersprüchlich sind, und keine Gerade existiert, die den Angaben genügt.

Bevor du fortfährst, erinnere dich: Wir suchen nach der Steigung, nicht nach der Geraden. Es kann mehr als eine Gerade mit derselben Steigung geben.
Hier sind die Angaben:
  1. Die Gerade verläuft *nur* im ersten und zweiten Quadranten.
  2. Die Gerade verläuft *nur* im zweiten und vierten Quadranten, und schneidet die x-Achse im Punkt $(-3|0)$.

3. Der Abstand der Geraden vom Ursprung ist 4 L.E., und die Gerade schneidet die y-Achse im Punkt (0|7).

4. Die Gerade trifft die drei *verschiedenen* Punkte (1|?), (2|3), (?|3); dabei bedeutet das Zeichen ?, daß wir die betreffenden Koordinaten nicht kennen.

5. Die Gerade verläuft senkrecht zur x-Achse und hat von der y-Achse einen Abstand von 2 L.E.

6. Die Gerade schneidet die y-Achse unter einem Winkel von 30°.

7. Die Gerade trifft die zwei Punkte (a|5) und (a + 1|6), wobei a jeden reellen Wert annehmen kann.

8. Die Gerade verläuft im ersten, zweiten und vierten Quadranten derart, daß ein Dreieck mit dem Flächeninhalt 1 F.E. entsteht.

9. Die Gleichung der Geraden ist $5x + 3y = c + 1$, wobei c jeden reellen Wert annehmen kann.

10. Die Gleichung der Geraden ist $(c + 1) x + 3y = 5$, wobei c jeden reellen Wert annehmen kann.

6.3 Ein fragenförderndes Klima

Da die Probleme und Übungen in der Kategorie *Problemlösen* nicht algorithmisch sein dürfen, ist es unmöglich, bestimmte Verfahren anzugeben, die sicherstellen, daß Schüler solche Probleme lösen. Es gibt jedoch einige allgemeine Vorgehensweisen, die den Schülern Durchblicke eröffnen können und ihnen zumindest eine gewisse Sicherheit bei solchen Verfahren geben können. Wir werden hier einige Lernziele dieser Art mit geeigneten Testaufgaben aufzählen.

Ein Faktor, der die Selbstsicherheit eines Schülers beeinflussen kann, ist die Fähigkeit, relevante Fragen zu stellen. Gespür für Probleme und Fragen steht in direktem Bezug zu intellektueller Neugier, und wir wissen, daß eine derartige Neugier ein sehr bedeutender Motivationsfaktor ist. Dies führt uns zu folgendem Lernziel:

Lernziel

Der Schüler sollte in der Lage sein, nach der Lösung eines Problems Fragen von übergeordneter Art zu stellen, die neue Untersuchungsgebiete mit Bezug zum selben Gegenstand eröffnen. Die Grundform für solche Fragen sollte lauten: Was geschieht, wenn ...?

Die zentrale Idee dieses Lernziels ist die Absicht, die Schülerfragen zum Hebel zu machen, der die weitere Entwicklung vorantreibt.

In einer Klasse mit einer fragenfördernden Atmospäre können und sollen solche Fragen bei jedem Schritt gestellt werden.

Wenn die Schüler gelernt haben, daß für alle a, b $\in$ IR $(a + b)^2 = a^2 + 2ab + b^2$ gilt, sollten wir von ihnen etwa folgende Fragen erwarten:

— Was geschieht, wenn statt der Addition die Subtraktion als Operation auftritt? Das heißt $(a - b)^2 = ?$
— Für welche Werte von a oder b gilt $(a + b)^2 = a^2 + b^2$?
— Wie ändet sich das Quadrat, wenn wir von $(a + 1)^2$ zu $(a + 2)^2$ bzw. von $(a + n)^2$ zu $(a + n + 1)^2$ übergehen? usw.

Bei der Behandlung der Lösungsmenge einer quadratischen Gleichung sollten wir von den Schülern folgende Fragen erwarten:

— Was geschieht, wenn wir die Koeffizienten verändern?
— Wie beeinflussen verschiedene, mögliche Veränderungen die Lösungen der Gleichung?
— Wie beeinflussen bestimmte Eigenschaften der Lösungen der Gleichung die Koeffizienten? Wenn beispielsweise die Lösungen zueinander reziprok sind? Wenn sie entgegengesetzt gleich sind? Wenn wir wissen, daß eine der Lösungen 0 bzw. 1 bzw. -1 ist? usw.

Testaufgabe 1
Nachdem der Schüler Paare von linearen Gleichungen mit zwei Variablen vom Typ
$$nx + (n + 1)\, y = n + 2;$$
$$(n + 3)\, x + (n + 4)\, y = n + 5;$$
untersucht hat und bewiesen hat, daß diese Gleichungssysteme alle dieselbe Lösung $x = -1$, $y = 2$ haben, stellen wir die Frage: *Welche Fragestellungen von ähnlicher Art könnte man noch untersuchen?*

Wir erwarten vom Schüler etwa folgende Vorschläge:
— Was geschieht, wenn die Koeffizienten in fallender Ordnung auftreten?
— Was geschieht, wenn die Koeffizienten eine arithmetische Folge bilden, deren konstante Differenz nicht gerade 1 ist?
— Was geschieht, wenn wir ein System von drei linearen Gleichungen mit drei Variablen nehmen, deren Koeffizienten eine ähnliche Eigenschaft haben? usw.

Testaufgabe 2
Nachdem der Schüler die Mittelsenkrechte als Menge der Punkte in der Ebene, die von zwei gegebenen Punkten gleichen Abstand haben, kennengelernt und ihre Eigenschaften untersucht hat, stellen wir ihm dieselbe Testaufgabe: *Welche verwandten Fragestellungen kann man untersuchen?*

Mögliche Antworten sind:
— Was geschieht, wenn der Abstand von einem Punkt um einen konstanten Betrag größer ist als der Abstand vom anderen Punkt?

— Was geschieht, wenn der Abstand von einem Punkt doppelt so groß ist wie der Abstand vom anderen Punkt? usw.

Solche Testaufgaben könnten als eine „Übung für zu Hause" [take-home-test] gestellt werden. In solchen Fällen werden wir erwarten, daß der Schüler nicht nur die Fragen stellt, sondern auch einige Schritte der Untersuchung durchführt, seinen sie nun induktiv oder analytisch.

6.4 Individuelle Lektüre mathematischer Texte

Mathematik ist ein Teil der menschlichen Kultur. Ein grundlegendes Ziel des Mathematikunterrichts ist es, den Schülern diesen Teil der Kultur nahezubringen. Das geschriebene Wort ist in unserer Gesellschaft eines der meistgebrauchten Mittel zur Verbreitung kultureller Schöpfungen. In den meisten Unterrichtsfächern verlangt man vom Schüler selbständiges, individuelles Lesen. Ein wesentlicher Teil der Prüfungen hinsichtlich der Beherrschung verschiedener Fremdsprachen, die in der Schule gelehrt werden, bezieht sich auf die Fähigkeit einen bis dahin nicht bekannten Abschnitt zu lesen und zu verstehen. Nach allgemeiner Ansicht verwendet die Mathematik eine spezielle Sprache. Es versteht sich deshalb von selbst, daß eines der Ziele unseres Unterrichts in Mathematik die Entwicklung einer positiven Einstellung der Schüler zum individuellen Lesen in Mathematik und das Verstehen von geschriebenem Material auf einem der Klassenstufe angemessenen Niveau sein sollte.

Lernziel
Unterrichte Schüler so, daß sie ein Interesse an und ein Bedürfnis nach individuellem Lesen in Mathematik spüren und zeigen.

Lernziel
Unterrichte Schüler so, daß sie in der Lage sind, ihrem Niveau entsprechende Texte mit mathematischem Inhalt zu lesen und zu verstehen.

Um diese Lernziele zu erreichen, sollten Schulbücher so geschrieben sein, daß Schüler sie nicht nur für die Lösung von Übungsaufgaben verwenden können. Darüber hinaus sollten Wandzeitungen und mathematische Zeitschriften, die speziell für Schüler verschiedener Altersstufen geschrieben sind, ein unerläßlicher Teil des Unterrichts in diesem Fach werden.

Testaufgaben: Es scheint nicht angemessen zu sein, Schüler hinsichtlich ihrer Einstellung zu benoten. Die einzige Möglichkeit, die Einstellung der Schüler zum individuellen Lesen in Mathematik zu beurteilen, besteht in der regelmäßigen Beobachtung der Reaktionen der Schüler auf Artikel in einer Wandzeitung oder Vorschläge für freiwillige Lektüre. Jedoch sollten die Schüler hinsichtlich ihrer Fähigkeit geeignete Texte zu lesen und zu verstehen genau beurteilt werden.

Wir geben hier zwei Beispiele für Texte an, die bei der Beurteilung eines solchen Leseverständnisses als vorher nicht bekannter Abschnitt benutzt werden können. Der erste Abschnitt scheint für das 6. oder 7. Schuljahr geeignet, der zweite für das 8. oder 9. Schuljahr. Für höhere Klassenstufen findet man geeignetes Material in Fülle in der Zeitschrift „Praxis der Mathematik" und in ähnlichen Zeitschriften.

Testaufgabe 1 (für das 6.–7. Schuljahr)

Niccolo Fontana Tartaglia

Niccolo Tartaglia war ein Mathematiker, der vor ungefähr 400 Jahren in Italien lebte. Er wuchs in großer Not und Armut auf. Als er 13 Jahre alt war, wurde er in einem der vielen Kriege, die in Europa wüteten, am Kopf verwundet. Als Folge davon hatte er Schwierigkeiten beim Sprechen. Daher stammt sein Spitzname Tartaglia (Aussprache: Tar-tal-ja) = „Stotterer". Nichtsdestotrotz überwand Tartaglia viele Schwierigkeiten und wurde ein bekannter Mathematiker seiner Zeit.

Hier sind einige interessante Zahlenmuster, die er entdeckt hat. Sie werden die Muster von Tartaglia genannt:

$$1 + 2 = 3$$
$$4 + 5 + 6 = 7 + 8$$
$$9 + 10 + 11 + 12 = 13 + 14 + 15$$
$$16 + 17 + 18 + 19 + 20 = 21 + 22 + 23 + 24$$

$\cdots\cdots\cdots\cdots\cdots$

Prüfe nach, ob alle Aussagen wahr sind. Kannst du sehen, wie das Muster fortgesetzt wird? Kannst du erklären, warum das Muster immer „funktioniert"? Das dürfte nicht so schwer sein. (Verteile die erste Zahl gleichmäßig auf die anderen Zahlen.)

Beantworte die folgenden Fragen:

1. Wie entstand der Name Tartaglia?
2. In welchem Jahrhundert lebte Tartaglia?
3. Setze das Muster fort, beginnend mit der Zahl 25.
4. Was kannst du über die Zahlen sagen, die jeweils am Anfang der Zeile stehen?
5. Zeige, daß das Muster „funktioniert", indem du den im Text gegebenen Rat für die Zeile, die mit der Zahl 9 beginnt, ausführst.
6. Zeige, daß das Muster „funktioniert", indem du die Zeile, die mit der Nummer 49 beginnt, aufschreibst.

Testaufgabe 2 (für das 8.–9. Schuljahr)

Falsch und doch richtig

Wie du weißt ist die Quadratwurzel $\sqrt{a^2 + b^2}$ im allgemeinen nicht gleich $a + b$. Anders gesagt: Die Quadratwurzel der Summe zweier Zahlen ist im allgemeinen nicht gleich der Summe ihrer Quadratwurzeln. Du kannst leicht sehen, daß das so sein muß, denn das Quadrat von $(a + b)$ ist $a^2 + b^2 + 2ab$ und nicht $a^2 + b^2$. Es gibt jedoch spezielle Fälle, in denen $a^2 + b^2$ gleich $a + b$ ist — beispielsweise, wenn entweder a oder b oder beide Null sind. Es gibt viele Beispiele für Aussagen, die im allgemeinen falsch sind, aber für spezielle Fälle richtig sind. Hier ist ein weiteres solches Beispiel: Die Quadratwurzel $\sqrt{a + b}$ ist im allgemeinen nicht gleich $a \sqrt{b}$. (Beachte, daß $a \sqrt{b}$ bedeutet a multipliziert mit $\sqrt{b}$.) Offensichtlich ist $a + b$ das Quadrat von $\sqrt{a + b}$, aber das Quadrat von $a \sqrt{b}$ ist $a^2 b$. Diese beiden Ausdrücke sind gleich, wenn sowohl a als auch b Null ist. Aber dies ist nicht der einzige Fall. Hier ist ein überraschendes Beispiel $\sqrt{3 + \frac{3}{8}} = 3 \sqrt{\frac{3}{8}}$. Daß diese Gleichung gilt, kann man leicht durch Quadrieren beider Seiten sehen. Das Quadrat von $\sqrt{3 + \frac{3}{8}}$ ergibt $3\frac{3}{8} = \frac{27}{8}$ und das Quadrat von $3 \sqrt{\frac{3}{8}}$ ergibt $9 \cdot \frac{3}{8} = \frac{27}{8}$.

Ist $3\frac{3}{8}$ der einzige Fall? Nein: Wir können leicht eine Formel aufstellen, die eine unendliche Zahl solcher Beispiele liefert. Wir beschränken uns dabei auf positive Zahlen. Es soll gelten $\sqrt{a + b} = a \sqrt{b}$. Da wir uns nur für positive Zahlen interessieren, ist dies äquivalent zu $a + b = a^2 b$. Subtrahieren wir b von beiden Seiten und klammern b aus, so erhalten wir $a = b(a^2 - 1)$. Für $a \neq 1$ ist dies äquivalent zu $b = \frac{a}{a^2 - 1}$. Damit also $a + b = a \sqrt{b}$ gilt, muß notwendigerweise auch $b = \frac{a}{a^2 - 1}$ gelten, falls a und b positive Zahlen mit $a \neq 1$ sind. Du kannst gleich selbst nachprüfen, daß diese Bedingung auch hinreichend ist; d.h. wenn $b = \frac{a}{a^2 - 1}$ gilt, dann gilt auch $\sqrt{a + b} = a \sqrt{b}$.

Beantworte die folgenden Fragen:

1. Gib zwei verschiedene numerische Beispiele an, die die Gleichung $\sqrt{a^2 + b^2} = a + b$ erfüllen.
2. Gib ein Beispiel an, bei welchem $\sqrt{a + b}$ *nicht* gleich $a\sqrt{b}$ ist.
3. Welches ist das einfachste Beispiel, für das gilt $\sqrt{a + b} = a\sqrt{b}$?
4. Zeige, daß $5 + \frac{5}{24} = 5 \sqrt{\frac{5}{24}}$ gilt.
5. Warum mußten wir im Text $a \neq 1$ voraussetzen?
6. Welche Beziehung zwischen a und b muß erfüllt sein, damit $\sqrt{a + b} = a\sqrt{b}$ gilt?

7. Wie kann man beweisen, daß unter Voraussetzung der in 6. verlangten
   Beziehung die Gleichung $\sqrt{a + b} = a\sqrt{b}$ gilt?

6.5 Die Fähigkeit zur systematischen Untersuchung eines Problems

Das Vorgehen im Mathematikunterricht wird gewöhnlich vom Lehrer gelenkt
und ist darauf angelegt, dem Schüler den Weg zu ebnen. Die einzige Herausforderung für den Schüler ist die Anstrengung beim Lösen von Problemen
mit verschiedenem Schwierigkeitsgrad und Komplexitätsniveau. Sogar bei
einem forschend-entdeckenden Vorgehen ist die Aufgabe gewöhnlich in einer
Art vorgeschrieben, die dem Schüler ziemlich enge Beschränkungen auferlegt.
Infolgedessen entwickeln sehr wenige Schüler die Fähigkeit, ein Problem
anzupacken, das allzu offen erscheint.

Hier einige Beispiele:

Was kann man über die Möglichkeit, eine natürliche Zahl als Summe aufeinanderfolgender natürlicher Zahlen zu schreiben, sagen?

Diese offene Formulierung der Aufgabe dürfte die meisten Schüler verwirren.
Eine induktive Untersuchung könnte bald zu einer Reihe von Vermutungen
führen wie etwa:
- Potenzen von 2 können nicht auf diese Weise geschrieben werden.
- Jede ungerade Zahl größer als 1 kann als eine Summe von *zwei* aufeinanderfolgenden natürlichen Zahlen geschrieben werden.
- Eine natürliche Zahl kann genau dann als Summe von drei aufeinanderfolgenden natürlichen Zahlen geschrieben werden, wenn sie durch 3 teilbar, aber größer als 3 ist.
- Eine natürliche Zahl kann genau dann als Summe von vier aufeinanderfolgenden natürlichen Zahlen geschrieben werden, wenn sie größer als 6 ist
  und bei Division durch 4 den Rest 2 läßt. usw.

Der Schüler kann schließlich zu der Vermutung kommen, daß die Anzahl verschiedener Möglichkeiten, eine natürliche Zahl als Summe von aufeinanderfolgenden natürlichen Zahlen zu schreiben, gleich der Anzahl der verschiedenen ungeraden Teiler der gegebenen Zahl ist.
Eine derartige Untersuchung könnte sehr viel zum mathematischen Verständnis eines Schülers beitragen und Freude an der Mathematik wecken; aber sie
setzt voraus, daß der Schüler in gewissem Umfang gelernt hat, wie man eine
induktive Untersuchung systematisch anpackt. Die Erfahrung hat gezeigt,
daß Kinder zwar das Ziel im Auge behalten, aber bei der Sammlung von Daten
recht unsystematisch vorgehen. Wenn Kinder zu einer induktiven Untersuchung aufgefordert werden, gehen sie ein paar Schritte weit scheinbar plan-
voll vor und springen dann von einem Fall zum andern in einer Weise, die

keinerlei System zeigt. Eine vom Autor durchgeführte Untersuchung zeigte, daß viele Lehrer in der Primar- und Orientierungsstufe ähnliche Probleme haben.

Viele Schulbücher bieten keine Anreize für induktive Untersuchungen. Die meisten Aufgaben beginnen mit den Worten „Zeige, daß …", „Löse …" oder „Beweise, daß …". Sehr selten finden wir Formulierungen wie „Untersuche …" oder „Was kann man über … sagen". Speziell das Kapitel über mathematische Induktion könnte sicherlich viel mehr zur Verbesserung der Fähigkeit eines Schülers, einen Sachverhalt selbständig zu erkunden, beitragen, wenn zumindest einige der Übungen lauten würden „Was kann man über … sagen? Formuliere eine Vermutung und versuche dann, sie durch mathematische Induktion zu beweisen."

Ein gutes Beispiel dafür ist die Testaufgabe 7 zu *Synthese* in Abschnitt 4.3, aber das ganze Unterrichtsthema „Folgen und Reihen" könnte man in dieser Art angehen. Wenn beispielsweise die arithmetischen Reihen erster Ordnung behandelt werden, legt der Schüler eine Tabelle an:

n	1	2	3	4	5	…………
$\sum\limits_{k=1}^{n} k$	1	3	6	10	15	…………

Die Aufmerksamkeit des Schülers wird auf die Tatsache gerichtet, daß $\sum\limits_{k=1}^{n} k$ eine Funktion von n sein muß; folglich sollte er untersuchen, von welcher Art diese Beziehung sein könnte.

Schwächeren Schülern könnte man explizit vorschlagen, den Quotienten zwischen $\sum\limits_{k=1}^{n} k$ und n zu untersuchen:

n	1	2	3	4	………
$\left(\sum\limits_{k=1}^{n} k\right) : n$	$\frac{1}{1} = 1$	$\frac{3}{2}$	$\frac{6}{3} = 2$	$\frac{10}{4} = \frac{5}{2}$	………

Wenn Schüler eine Vermutung, etwa $\left(\sum\limits_{k=1}^{n} k\right) : n = \frac{n+1}{2}$, aufstellen, sollten sie sie für zwei oder drei weitere Fälle überprüfen; erst dann sollten sie versuchen, ihre Vermutung zu beweisen.

Möglicherweise kann dieses Vorgehen Schüler veranlassen, Vermutungen zu $\sum\limits_{k=1}^{n} k^2$, $\sum\limits_{k=1}^{n} k(k+1)$, $\sum\limits_{k=1}^{n} k^3$ usw. aufzustellen. Offensichtlich dürften einige dieser Aufgaben mehr Hinweise oder Hilfestellungen erfordern; andernfalls könnten sie zu viel Frustrationen hervorrufen. Beispiele für Testaufgaben gibt es zu jedem Unterrichtsthema. Einige könnte man in einer schriftlichen Klassenarbeit stellen, andere erfordern möglicherweise zu viel Zeit und sollten als eine „Prüfung für zu Hause" [take-home exam] oder sogar als Untersuchungsprojekt gestellt werden.

Es folgen einige Beispiele für Testaufgaben.

Testaufgabe 1

Die Zahl 6 tritt in der Multiplikationstafel *vier* mal auf: $6 \cdot 1, 1 \cdot 6, 2 \cdot 3, 3 \cdot 2$. Was kann man über *alle* natürlichen Zahlen sagen, die in der Multiplikationstafel

(1) nur zweimal,
(2) in einer ungeraden Anzahl von Fällen,
(3) sechsmal
(4) viermal auftreten.

Denke bei deiner Untersuchung an eine Multiplikationstafel, die nach rechts und nach unten unbeschränkt fortgesetzt wird.

Testaufgabe 2

Die Zahl 12 ist das kleinste gemeinsame Vielfache (kgV) von 6 und 4. 12 ist jedoch auch das kgV von 3 und 4 und von 1 und 12.
Gegeben sei eine natürliche Zahl n: Suche alle möglichen Paare von natürlichen Zahlen, sodaß n ihr kgV ist.

Testaufgabe 3

Untersuche, welche linearen Funktionen
$f: x \rightarrow ax + b$ und $g: x \rightarrow cx + d$ die Eigenschaft
$f(g(x)) = g(f(x))$ haben. Versuche zu verallgemeinern.

Testaufgabe 4

Was kann man über die Koeffizienten zweier quadratischer Gleichungen sagen, die die Eigenschaft haben, daß die Lösungen der einen Gleichung gerade die Reziproken der Lösungen der anderen sind.

Testaufgabe 5

Die Funktion $f: x \rightarrow \dfrac{x^2 + 1}{x}$ hat die Eigenschaft $f(\tfrac{1}{x}) = f(x)$. Finde weitere rationale Funktionen, die dieselbe Eigenschaft haben. Versuche zu verallgemeinern.

6.6 Ein Modell für besseren Unterricht zur Erreichung der Lernziele

Um die verschiedenen, in früheren Abschnitten untersuchten und erklärten
Lernziele zu erreichen, müssen Lehrer eine Art des Unterrichts entwickeln,
die den Schülern hilft, in kürzerer Zeit ein tiefergehendes Verstehen zu
erreichen. Die folgenden Ideen basieren auf Theorien zum kognitiven Lernen
und wurden über viele Jahre hin im Unterricht erprobt. Das ganze Modell
besteht aus fünf Hinweisen [didaktischen Prinzipien], die dem Lehrer bei der
Planung jeder Unterrichtseinheit helfen, und zwei allgemeinen Grundsätzen,
die sich auf die Beziehung zwischen Lehrer und Unterrichtsstoff bzw. zwischen
Lehrer und Schüler beziehen.
Die diesen Ansatz tragenden Ideen beruhen auf Grundsätzen über die Natur
des menschlichen Verhaltens, Grundsätzen, deren Allgemeingültigkeit in verschiedenen Untersuchungen über das menschliche Lernen gezeigt wurde.
Wir geben nun die einzelnen Punkte des Modells an und lassen jeweils eine
kurze Erklärung folgen.

**(1) Sei zielorientiert — mache in jeder Phase des Unterrichts das jeweilige
Lernziel zum Ziel der Schüler**
Diesem Punkt liegt die Erfahrung zugrunde, daß menschliche Aktivitäten
zielorientiert sind, daß Schüler offener und aufnahmebereiter sind, wenn
sie sehen und verstehen, ,,wohin die Reise geht‘‘. Das Ziel sollte während
der ersten paar Minuten des Unterrichts klargemacht werden.

**(2) Gehe vom Vertrauten zum Neuen — laß das Neue aus Fragen und Pro-
blemen erwachsen, die vom Vertrauten erzeugt wurden**
Dies beruht auf dem Grundsatz, daß menschliches Lernen am wirkungs-
vollsten ist, wenn das Neue im Bezugsrahmen des Lernenden verankert
wird. Wenn das Gelernte behalten werden soll, muß man an Dinge, Ideen
und Denkweisen anknüpfen, die vorher angeeignet wurden. ,,Schubladen-
Lernen‘‘ [Lernen isolierter Einheiten ohne Zusammenhang] ist nicht von
langer Dauer, sondern unterliegt schneller Abschwächung und Aus-
löschung.
Die beste Methode, das Neue mit dem Bekannten zu verknüpfen, besteht
darin, den Schülern am Ende jeder Unterrichtseinheit eine Frage oder ein
Problem zum Nachdenken zu stellen, das bei der Formulierung des Ziels
der neuen Einheit helfen und den Boden für den neuen Stoff bereiten
kann.

(3) Fordere heraus, aber vermeide Frustration
Wir wissen aus der Beobachtung junger Kinder, daß sie sich selbst fort-
während herausfordern, etwa beim Versuch einen Stuhl zu besteigen, ein

Spielzeug zusammenzusetzen, usw. Sie sind außerordentlich unglücklich, wenn jemand versucht, ihnen zu helfen, und sie dadurch um ihr Erfolgserlebnis bringt. Die Schule zerstört oft diese Freude an der Auseinandersetzung mit einer Herausforderung. Ein in einem früheren Abschnitt aufgeführtes Lernziel schlägt vor, den Schülern durch herausfordernde Sondierungsaufgaben mit begrenzter Reichweite zu helfen, ihr Begriffsverständnis zu klären. Jede Unterrichtseinheit sollte solche Herausforderungen enthalten.

Der Lehrer muß jedoch darauf achten, daß die Herausforderung nicht zum Mißerfolg führt. Dies kann durch nichtalgorithmische Probleme erreicht werden, zu denen jeder Schüler einige spezielle Beispiele beisteuern kann, bei deren induktiver Untersuchung er also helfen kann. Auch der schwache Schüler wird das Gefühl von Kreativität spüren, wenn er Erfolg beim Sammeln einiger Beispiele hat.

(4) Achte auf sinnvolle Übungen, denen ein schülerorientiertes Ziel zugrunde liegt

Die üblichen Übungen in der Schule beziehen sich jeweils auf einen einzelnen Punkt; nach einer Weile denkt der Schüler, daß er den Stoff beherrscht, und entwickelt einen Widerwillen gegen die sinnlosen Übungen.

Wir sollten nach Aufgaben suchen, bei denen der Schüler, während er seine Anstrengungen auf die Untersuchung eines sinnvollen Ziels richtet, eine wichtige Fertigkeit einübt. Einige der in Abschnitt 6.3 aufgeführten Beispiele können diesen Zweck erfüllen.

(5) Integriere das Neue in den entsprechenden Bezugsrahmen des Lernenden

Jeder neue Begriff, jeder neue Gedanke wirft, sobald er in einen Bezugsrahmen des Lernenden integriert wird, neues Licht auf die Inhalte, die in diesem Bezugsrahmen bereits enthalten sind. Um das Behalten und den richtigen, zukünftigen Gebrauch zu unterstützen, müssen wir uns bewußt bemühen, zu klären, wie der Bezugsrahmen nach der Einbeziehung des Neuen beschaffen ist.

Um ein Beispiel zu geben: Die Erweiterung der Definition der trigonometrischen Funktionen auf Winkel, die größer als $\frac{\pi}{2}$ sind, verändert auch den Begriff dieser Funktionen für spitze Winkel, und darauf sollte der Lernende aufmerksam gemacht werden.

Es folgen nun zwei Grundsätze, die das allgemeine Verhalten des Lehrers in der Schule leiten sollten, damit sein Unterricht möglichst fruchtbar wird:

(a) Gehe auf die Kulturgeschichte des Faches ein

Mathematik ist, wie bereits erwähnt, ein Teil der menschlichen Kultur. Damit werden nicht nur Ergebnisse und Entdeckungen angesprochen, sondern die Gesamtheit der Vorgänge, Kämpfe, Zusammenstöße, lebenden und fallengelassenen Ideen und Lehren usw., die sich im Laufe der Jahrhunderte ereigneten bzw. hervorgebracht wurden. Ein Mathematiklehrer sollte in seinem Repertoire Archimedes' Brief an Erathostenes, Hamiltons Kampf mit der Struktur der Quaternionen, Zenons Paradoxon von Achilles und der Schildkröte und einige Antinomien der Mengenlehre, Geschichten vom kleinen Gauß und Fertigkeiten des alten Euler haben. Es ist gerade dies menschliche Element von Suche und Kampf, das die Mathematik zu einer humanistischen Wissenschaft macht.

(b) Gehe auf den Schüler ein

Schüler wollen spüren, daß Lehrer nicht nur am Stand ihres Wissens über den Lehrstoff interessiert sind, sondern auch an ihnen selbst als Menschen. Mathematik mit ihrer Schönheit, ihrem Reichtum, ihrer bezaubernden Eleganz kann auf jedem Niveau helfen, eine warme menschliche Unterrichtsatmosphäre im Umgang zwischen Lehrer und Schüler zu schaffen, eine Atmosphäre, die gutes Lernen optimal unterstützt.

Anhang: Zusätzliche Aufgaben

Hier findet der Leser eine Reihe weiterer Beispiele von Problemen zu den Niveaus *Analyse* und *Synthese*, die für die Sekundarstufe I und II geeignet sind. In allen Fällen ist für die Zuordnung zu den höheren Leistungsniveaus vorauszusetzen, daß nicht bereits ähnliche Probleme in der Klasse behandelt worden sind.

A. Aufgaben für die Klassen 5—7

1. m, n seinen natürliche Zahlen. Welche der folgenden Aussagen ist *nicht* wahr?

   (1) Wenn m und n beide gerade sind, kann $\frac{m}{n}$ durch einen Bruch dargestellt werden, dessen Nenner kleiner als n ist.

   (2) Wenn m und n beide ungerade sind, kann $\frac{m}{n}$ manchmal durch einen Bruch dargestellt werden, dessen Nenner kleiner als n ist.

   (3) Wenn $\frac{m}{n} = \frac{3}{1}$ gilt, dann ist m durch n teilbar.

   (4) Aus $\frac{m}{n} = \frac{2}{3}$ folgt: m = 2 und n = 3.

   (5) Wenn m und n beide durch dieselbe Primzahl teilbar sind, dann kann $\frac{m}{n}$ durch einen Bruch dargestellt werden dessen Nenner kleiner als der ursprüngliche Nenner ist.

2. Sei U die Menge der *ungeraden Zahlen*. Bei welcher der folgenden Rechenoperationen erhält man zu irgend zwei Elementen aus U stets wieder ein Element aus U?
   (A) Addition; (M) Multiplikation; (D) Division; (G) Bestimmung des größten gemeinsamen Teilers.
   Die richtige Antwort lautet:
   (1) Nur A und M.
   (2) Nur M und G.
   (3) Nur A, M und D.
   (4) Nur M, D und G.
   (5) Nur A, M und G.

3. Untersuche die folgenden Gleichungen. Welche Gesetzmäßigkeit steckt hinter diesen Gleichungen?

   (B) $1 + 2 + 3 = \frac{3 \cdot 4}{2} = 6$;

   (C) $1 + 2 + 3 + 4 = \frac{4 \cdot 5}{2} = 10$;

   (D) $1 + 2 + 3 + 4 + 5 = \frac{5 \cdot 6}{2} = 15$.

   Bestimme mit Hilfe der gefundenen Gesetzmäßigkeit die Summe aller natürlichen Zahlen von 20 bis 39 (einschließlich 20 und 39).
   Ergebnis: (1) 190;   (2) 390;   (3) 570;   (4) 590;   (5) 780.

4. Entscheide, welche der folgenden Aussagen *nicht* wahr ist.
   Drei Geraden in der Ebene kann man so zeichnen, daß
   (1) kein Schnittpunkt entsteht.
   (2) genau ein Schnittpunkt entsteht.
   (3) genau zwei Schnittpunkte entstehen.
   (4) genau drei Schnittpunkte entstehen.
   (5) genau vier Schnittpunkte entstehen.

5. Hans hat in seiner Kommode 12 Socken, 4 blaue und 8 braune. Der Raum ist dunkel, so daß Hans keine Farben unterscheiden kann. Wieviele Socken muß er mindestens herausnehmen, so daß mit Sicherheit zwei gleichfarbige dabei sind?
   (1) 2;   (2) 3;   (3) 5;   (4) 6;   (5) 7.

6. Untersuche die folgenden Gleichungen
   (A) $8 \cdot (1 \cdot 1) = 8 \cdot 1^2$;
   (B) $8 \cdot (3 \cdot 3) = 8 \cdot 3^2$;
   (C) $8 \cdot (\frac{1}{2} \cdot \frac{1}{2}) = 8 \cdot (0{,}5)^2$;
   (D) $8 \cdot (1\frac{1}{2} \cdot 1\frac{1}{2}) = 8 \cdot (\frac{3}{2})^2$.

   Welche der folgenden Formeln beschreibt das den Gleichungen zugrundeliegende gemeinsame Muster in allgemeiner Form?
   (1) $n \cdot (1 \cdot 1) = n \cdot 1^2$ für ganze Zahlen n.
   (2) $8 \cdot (n \cdot n) = 8 \cdot n^2$ für rationale Zahlen n.
   (3) $a \cdot (n \cdot n) = a \cdot n^2$ für natürliche Zahlen a, n.
   (4) $n \cdot (2 \cdot 2) = n \cdot 2^2$ für ganze Zahlen n.
   (5) $8 \cdot (5 \cdot 5) = 8 \cdot 5^2$.

7. Hans denkt sich zwei natürliche Zahlen. Die eine ist kleiner als 8, die andere kleiner als 9. Welche der folgenden Aussagen trifft *nicht* zu.
   (1) Die Summe der zwei Zahlen ist nicht größer als 16.
   (2) Die Differenz der zwei Zahlen ist nicht größer als 7.
   (3) Das Produkt der zwei Zahlen liegt zwischen 2 und 56.
   (4) Die Summe der zwei Zahlen ist nicht kleiner als 2.
   (5) Das Produkt der zwei Zahlen ist nicht kleiner als 1.

8. In einer Schulklasse spielt jeder Schüler Schach oder Dame. 14 Schüler können Schach spielen, 16 Dame. 10 Schüler beherrschen beide Spiele. Wieviele Schüler sind in der Klasse?
   (1) 36;   (2) 40;   (3) 20;   (4) 18;   (5) 12.

9. Welches ist die größte Zahl, die als Summe zweier verschiedener Stammbrüche (das sind positive Brüche mit dem Zähler 1) geschrieben werden kann?
   (1) 2;   (2) 1;   (3) $1\frac{1}{2}$;   (4) $\frac{1}{2}$;   (5) $\frac{1}{4}$.

10. Untersuche das folgende Zahlenmuster:

```
            1
          1   1
        1   2   1
      1   3   3   1
    1   4   6   4   1
```

Stell Dir vor, daß das Muster nach unten fortgesetzt wird. Welches ist dann die 2. Zahl von links in der 15. Zeile?
(1) 1;   (2) 15;   (3) 14;   (4) 16;   (5) 60.

11. Betrachte die Gleichung $2 \cdot (x + 3) = 2x + 6$ für $x \in \mathbf{Z}$.
    Welche der folgenden Aussagen ist wahr?
    (1) Die Gleichung wird nur von $x = 1$ erfüllt.
    (2) Die Gleichung wird von keiner ganzen Zahl erfüllt.
    (3) Die Gleichung wird von jeder ganzen Zahl erfüllt.
    (4) Die Gleichung wird nur für x mit $x < 10$ erfüllt.
    (5) Die Gleichung wird nur für x mit $x > 10$ erfüllt.

12. Betrachte die folgenden Gleichungen:
    (A) $4 \cdot 2 + 4 \cdot 3 = 4 \cdot 5$;
    (B) $7 \cdot 3 + 7 \cdot 5 = 7 \cdot 8$;
    (C) $\frac{3}{4} \cdot \frac{1}{3} + \frac{3}{4} \cdot \frac{1}{2} = \frac{3}{4} \cdot \frac{5}{6}$;
    (D) $1{,}2 \cdot 0{,}3 + 1{,}2 \cdot 0{,}6 = 1{,}2 \cdot 0{,}9$.
    Welche der folgenden Gleichungen enthält die gleiche Gesetzmäßigkeit wie (A)–(D)?
    (1) $4 + 4 + 4 = 3 \cdot 4$;
    (2) $\frac{3}{4} \cdot 1 + \frac{3}{8} \cdot 2 = \frac{3}{4} \cdot 2$;
    (3) $4 \cdot 1 + 2 \cdot 3 = 5 \cdot 2$;
    (4) $12 \cdot 8 + 12 \cdot 12 = 12 \cdot 20$;
    (5) $3 \cdot 3 \cdot 3 \cdot 3 = 3^4$.

13. Betrachte die folgenden Gleichungen. Nach welchem Muster sind sie aufgebaut?
    (A) $1 + 3 = 4$;
    (B) $1 + 3 + 5 = 9$;
    (C) $1 + 3 + 5 + 7 = 16$;
    (D) $1 + 3 + 5 + 7 + 9 = 25$.
    Bestimme mit Hilfe dieses Musters, welches die größte Anzahl ungerader Zahlen ist,
    deren Summe 144 ergibt.
    (1) 9;   (2) 10;   (3) 11;   (4) 12;   (5) 13.

14. Der Preis einer Hose wird erst um 20% herabgesetzt; dann wird die Hose noch einmal
    um 15% des neuen Preises verbilligt. Wieviel Prozent beträgt der Preisnachlaß insge-
    samt?

    (1) 35%;   (2) $17\frac{1}{2}$%;   (3) 30%;   (4) 40%;   (5) 32%.

15. In zwei Parallelklassen mit 24 bzw. 16 Schülern wurde derselbe Mathematiktest
    geschrieben. Die Schüler der ersten Klasse erreichten einen Klassendurchschnitt von
    60 Punkten; in der Klasse mit 16 Schülern betrug der Durchschnitt 70 Punkte. Wel-
    ches ist die durchschnittliche Punktzahl für alle 40 Schüler zusammen?
    (1) 66;   (2) 65;   (3) 64;   (4) 63;   (5) 62.

16. In einer Klasse konnten 76% aller Schüler kraulen. Von den Jungen konnten es 80%,
    von den Mädchen 70%. Wie hoch ist der Prozentsatz an Jungen in dieser Klasse?
    (1) 40;   (2) 45;   (3) 50;   (4) 60;   (5) Die Angaben der Aufgabe reichen nicht zur
    Beantwortung der Frage?

17. Die Zahl *elf* schreibt man im *Siebener*-System: 14_7. Welche der folgenden Aussagen ist/sind wahr?

(A) 14_7 ist eine gerade Zahl, weil die Einerziffer eine 4 ist.

(B) 14_7 ist *keine* Primzahl, weil *vierzehn* durch *sieben* teilbar ist.

(C) 14_7 ist durch *elf* teilbar, weil *elf* durch *elf* teilbar ist.

Die richtige Antwort lautet:

(1) A, B und C sind wahr.

(2) A und B sind wahr und C ist falsch.

(3) A, B und C sind falsch.

(4) A und C sind falsch, aber B ist wahr.

(5) A und B sind falsch, aber C ist wahr.

18. Jemand denkt sich eine Zahl zwischen 0 und 500. Um die Zahl zu erraten, darfst Du Fragen stellen, die nur mit „ja" oder „nein" beantwortet werden. Wieviele Fragen mußt Du mindestens stellen, um die gedachte Zahl in jedem denkbaren Fall zu erraten?

(1) 5;   (2) 7;   (3) 9;   (4) 10;   (5) 12.

19. Betrachte die folgenden Gleichungen:

(A) $2 \cdot 3 = 4 + 2$;

(B) $4 \cdot 5 = 16 + 4$;

(C) $\frac{2}{3} \cdot \frac{5}{3} = \frac{4}{9} + \frac{2}{3}$;

(D) $0{,}2 \cdot 1{,}2 = 0{,}04 + 0{,}2$.

Welche der folgenden Gleichungen folgt dem gleichen Muster wie (A)–(D)?

(1) $(-2) \cdot (-1) = 3 - 1$;

(2) $(-2) \cdot (-1) = 4 - 2$;

(3) $(-2) \cdot (-1) = 2 - 0$;

(4) $(-2) \cdot (-1) = -2 - (-4)$;

(5) $(-2) \cdot (-1) = -4 - (-6)$;

20. Welche der folgenden Aussagen über das Produkt aus dem größten gemeinsamen Teiler und dem kleinsten gemeinsamen Vielfachen zweier natürlicher Zahlen trifft zu?

(1) Es ist niemals gleich dem Produkt der zwei Zahlen.

(2) Es ist kleiner als das Produkt der zwei Zahlen.

(3) Es ist größer als das Produkt der zwei Zahlen.

(4) Es ist manchmal kleiner und manchmal größer als das Produkt der zwei Zahlen.

(5) Es ist immer gleich dem Produkt der zwei Zahlen.

21. Floyd und David erhalten von ihrem Onkel als Geschenk soviel Dollar, wie das Produkt aus dem Alter von Floyd und dem Alter von David beträgt (Altersangabe jeweils in ganzen Jahren). Angenommen wir wissen nur, wieviel Dollar sie bekommen, dann

(1) können wir immer herausfinden, wie alt jeder ist.

(2) können wir in keinem Fall herausfinden, wie alt jeder ist, es sei denn, wir kennen das Alter von einem von beiden.

(3) können wir immer ihr Alter bestimmen, vorausgesetzt, wir wissen zusätzlich, daß der Jüngere von beiden älter als 1 Jahr ist.

(4) können wir immer ihr Alter bestimmen, vorausgesetzt, wir wissen zusätzlich, daß der Ältere weniger als 20 Jahre alt ist.

(5) können wir immer ihr Alter bestimmen, vorausgesetzt, wir wissen zusätzlich, daß der Ältere jünger als 10 und der Jüngere älter als 5 Jahre ist.

22. Hans kürzt bei einem Bruch der Form $\frac{xb + c}{x}$ (mit natürlichen Zahlen b, c, x und x > 1)

das x in Zähler und Nenner und erhält als Ergebnis: b + c.
   (1) Diese Umformung ist in jedem Fall richtig.
   (2) Diese Umformung ist in manchen Fällen falsch und in manchen Fällen richtig.
   (3) Diese Umformung ist falsch, weil das Kommutativgesetz verletzt wird.
   (4) Diese Umformung ist falsch, weil das Assoziativgesetz verletzt wird.
   (5) Diese Umformung ist falsch, weil das Distributivgesetz verletzt wird.

23. In der folgenden Figur gilt: AB ∥ CD, $\overline{KL}$ = 5 cm, $\overline{PQ}$ = 10 cm.

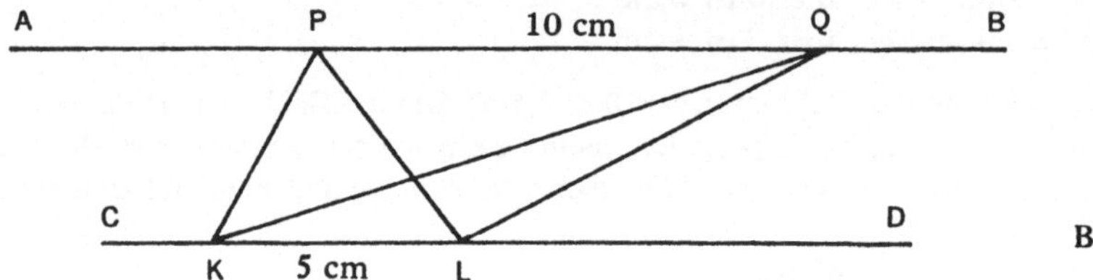

Welche der folgenden Aussagen über die Dreiecke PKL und QKL trifft zu?
   (1) Die Fläche des Dreiecks PKL ist immer größer als die Fläche des Dreiecks QKL.
   (2) Die Fläche des Dreiecks PKL ist immer kleiner als die Fläche des Dreiecks QKL.
   (3) Die Fläche des Dreiecks PKL ist manchmal größer und manchmal kleiner als die Fläche des Dreiecks QKL.
   (4) Die Fläche des Dreiecks PKL ist immer gleich der Fläche des Dreiecks QKL.
   (5) Die Fläche des Dreiecks PKL ist genau doppelt so groß wie die Fläche des Dreiecks QKL.

24. Wo steckt der Fehler in der folgenden Argumentation?
       0,10 Mark = 10 Pfennig;
       0,10 Mark = 10 Pfennig.
       Multiplizieren wir die linken bzw. die rechten Seiten der beiden Gleichungen miteinander, so erhalten wir:
       0,01 Mark = 10^2 Pfennig; folglich: 1 Pfennig = 1 Mark!
   (1) 0,10 Mark ist nicht gleich 10 Pfennig.
   (2) 10^2 Pfennig ist nicht gleich 1 Mark.
   (3) Man darf nicht einfach die linken bzw. rechten Seiten zweier Gleichungen miteinander multiplizieren.
   (4) Bei der Multiplikation entsprechender Seiten der beiden Gleichungen muß man auf die Maßeinheiten achten.
   (5) Der Fehler steckt in der Berechnung der Produkte der Zahlen.

25. Welche Basis hat das Stellenwertsystem, in dem die Gleichung 202 = 13 · 13 richtig ist (vorausgesetzt, daß die Basis eine positive ganze Zahl ist)?
   (1) Es gibt keine solche Basis.
   (2) Die Basis ist kleiner als 5.
   (3) Die Basis liegt zwischen 5 und 10.
   (4) Die Basis liegt zwischen 10 und 20.
   (5) Es gibt mehr als eine solche Basis.

B. Aufgaben ab Klasse 8

26. Setzt man in die Gleichung $(x + y)^2 = x^2 + y^2$ für x und y reelle Zahlen ein, so erhält man Aussagen, die
    (1) keinen Sinn ergeben, es sei denn, man addiert auf der rechten Seite $2xy$.
    (2) für jedes x und jedes y falsch sind.
    (3) für alle Paare x, y bis auf eines falsch sind.
    (4) in mehr als einem Fall wahr sind.
    (5) nur dann wahr sind, wenn x und y den gleichen Betrag aber entgegengesetztes Vorzeichen haben.

27. Gegeben sei $3x + 4y + 3z = 20$ und $y = 2$.
    Ohne Verwendung weiterer Angaben kann man daraus den Wert von
    (1) x
    (2) $x - y - z$
    (3) xy
    (4) $\frac{x}{y}$
    (5) $x + y + z$ berechnen.

28. Die folgenden vier Zeilen (A)–(D) ergeben – in die richtige Reihenfolge gebracht – den Beweis einer Behauptung, die für alle reellen Zahlen a, b gilt.
    (A) $\frac{a^2 + b^2}{2} \geqslant ab$;
    (B) $a^2 - 2ab + b^2 \geqslant 0$;
    (C) $(a - b)^2 \geqslant 0$;
    (D) $a^2 + b^2 \geqslant 2ab$.
    Die richtige Reihenfolge für den Beweis lautet:
    (1) A, D, C, B
    (2) A, B, C, D
    (3) B, C, D, A
    (4) C, B, D, A
    (5) D, C, A, B

29. Gegeben sei die Gleichung $p = a^2 - b^2$, wobei a, b, p natürliche Zahlen sind und p eine *Primzahl* ist. Wenn $a = 106$ gilt, dann gilt $b =$
    (1) 65;   (2) 75;   (3) 85;   (4) 95;   (5) 105.

30. Für die Menge der ganzen Zahlen mit der Addition als Verknüpfung gilt: die Menge ist abgeschlossen, enthält ein neutrales Element und zu jedem Element ein inverses Element; die Verknüpfung ist kommutativ und assoziativ. Folglich gilt für jede echte Teilmenge dieser Menge bezüglich der gleichen Verknüpfung:
    (1) Sie ist abgeschlossen.
    (2) Die Verknüpfung ist kommutativ.
    (3) Sie enthält ein neutrales Element.
    (4) Sie enthält zu jedem Element ein inverses Element.
    (5) Sie enthält mindestens eine negative Zahl.

31. Jede dreistellige natürliche Zahl n kann durch die Gleichung
   $n = 100a + 10b + c$ mit $a \in \{1, 2, ..., 9\}$, $b, c \in \{0, 1, ..., 9\}$
dargestellt werden. Diese Gleichung ist äquivalent zu
   $n = 99a + 11b + a - b + c$.
Aus dieser Äquivalenz können wir eine Regel ableiten für:
   (1) die leichtere Multiplikation solcher Zahlen,
   (2) die Teilbarkeit solcher Zahlen durch 11,
   (3) die Untersuchung solcher Zahlen, ob sie Primzahlen sind,
   (4) die Teilbarkeit solcher Zahlen durch $a - b + c$.
   (5) Keine der Antworten (1)–(4) trifft zu.

32. Auf einem Steckbrett sind n^2 Stecker quadratisch angeordnet. Zwei *ganze* Reihen werden entfernt und vom Rest werden 8 weitere Stecker entfernt. Die verbliebenen Stecker werden jetzt so angeordnet, daß sich ein Rechteck ergibt, bei dem die Zahl der Reihen größer ist als die Zahl der Stecker in einer Reihe. Wie groß ist bei diesem Rechteck die Differenz zwischen der Zahl der Reihen und der Zahl der Stecker in einer Reihe?
   (1) 2;   (2) 4;   (3) 6;   (4) 8;   (5) Die Differenz kann aus den Angaben der Aufgabe nicht berechnet werden.

33. Versucht man, die Anzahl aller $x \in \mathbf{Z}$ zu bestimmen, die beim Einsetzen in den Term $\frac{8x + 3}{2x - 1}$ eine ganze Zahl liefern, so wird man zunächst $(8x + 3)$ durch $(2x - 1)$ dividieren. Der nächste Schritt ist dann:
   (1) eine weitere Division zweier Polynome.
   (2) die Division einer Zahl durch ein Polynom.
   (3) die Division eines Polynoms durch eine Zahl.
   (4) die Auflösung eines Systems linearer Gleichungen.
   (5) die Lösung einer quadratischen Gleichung.

34. Betrachte die folgenden Gleichungen:
   (A) $\frac{2}{3} - \frac{1}{2} = \frac{1}{6}$;

   (B) $\frac{3}{4} - \frac{2}{3} = \frac{1}{12}$;

   (C) $\frac{4}{5} - \frac{3}{4} = \frac{1}{20}$;

   (D) $\frac{5}{6} - \frac{4}{5} = \frac{1}{30}$.

(A)–(D) enthalten eine Gesetzmäßigkeit. Welche der folgenden Formeln für $n \in \mathbb{N}$ kann man beim Beweis dieser Gesetzmäßigkeit verwenden?
   (1) $n - (n - 1) = 1$;
   (2) $(n + 2)^2 - n \cdot (n + 4) - 3 = 1$;
   (3) $n^2 - (n + 1) \cdot (n - 1) = 1$;
   (4) $\frac{n^2 + n}{n \cdot (n + 1)} = 1$.
   (5) Keine der Formeln (1)–(4) kann beim Beweis verwendet werden.

35. Betrachte den Satz:

Wenn eine natürliche Zahl n als Summe zweier Quadratzahlen geschrieben werden kann, dann kann auch die Zahl 2n als Summe zweier Quadratzahlen geschrieben werden.

Dieser Satz kann aus einer oder mehreren der folgenden Formeln abgeleitet werden:

(A) $(a + b)^2 = a^2 + 2ab + b^2$;

(B) $(a - b)^2 = a^2 - 2ab + b^2$;

(C) $a^2 - b^2 = (a - b) \cdot (a + b)$;

(D) $a^2 + ab = a \cdot (a + b)$.

Die betreffenden Formeln sind:

(1) Nur A und B.

(2) Nur B und C.

(3) Nur C und D.

(4) Nur C.

(5) Nur D.

36. Betrachte Paare rationaler Zahlen, deren Summe gleich ihrem Quotienten ist.

Für jedes dieser Paare gilt:

(1) Der Divisor (die zweite Zahl des Paares) kann nicht negativ sein.

(2) Der Dividend (die erste Zahl des Paares) kann nicht negativ sein.

(3) Wenn der Divisor (die zweite Zahl des Paares) größer als 1 ist, dann muß der Dividend negativ sein.

(4) Die Summe der zwei Zahlen kann nicht kleiner als 1 sein.

(5) Der Dividend (die erste Zahl des Paares) kann nicht ganzzahlig sein.

37. Stephan hat bewiesen, daß jeder Punkt der Winkelhalbierenden eines Winkels von den beiden Schenkeln des Winkels gleichen Abstand hat. Nun ist ein Punkt gegeben, der von den beiden Schenkeln eines Winkels gleichen Abstand hat. *Aufgrund des obigen Satzes* folgert Stephan, daß dieser Punkt auf der Winkelhalbierenden des Winkels liegt.

(1) Stephans Schlußfolgerung ist korrekt.

Stephans *Schlußfolgerung* ist nicht korrekt, weil

(2) der Punkt außerhalb des Winkels liegen könnte.

(3) der Punkt auf einem der beiden Schenkel liegen könnte.

(4) der Punkt auf dem Scheitel des Winkels liegen könnte.

(5) ein von (2)–(4) verschiedener Fehler vorliegt.

38. Johanna argumentiert folgendermaßen:

(A) Jede ganze Zahl, die (ohne Rest) durch eine natürliche Zahl n teilbar ist, kann in der Form nt mit $t \in \mathbb{Z}$ geschrieben werden.

(B) 3t stellt ganze Zahlen dar, die durch 3 teilbar sind.

7t stellt ganze Zahlen dar, die durch 7 teilbar sind.

(C) $3t + 7t = 10t$.

Folglich gilt:

Die Summe von irgend zwei ganzen Zahlen, deren eine durch 3 und deren andere durch 7 teilbar ist, ist immer durch 10 teilbar.

(1) Johanna hat recht.

Johanna irrt und der Fehler steckt

(2) in Schritt A.

(3) in Schritt B.

(4) im Übergang von Schritt B zu Schritt C.

(5) im Übergang von Schritt C zur Behauptung.

39. Maria untersucht den Term $p^2 - 1$. Sie ersetzt p nacheinander durch alle Primzahlen von 5 bis 211 und stellt fest, daß alle so aus $p^2 - 1$ erhaltenen Zahlen durch 24 teilbar sind. Aufgrund dieser Ergebnisse behauptet Maria, daß sie folgenden Satz *bewiesen* hat:

Für jede Primzahl $p \geqslant 5$ ist $p^2 - 1$ teilbar durch 24.

(1) Maria hat recht.

Maria hat nicht recht, weil

(2) sie davon ausgeht, daß 211 eine Primzahl ist.

(3) sie sich verrechnet hat.

(4) sie den Satz nicht bewiesen hat.

(5) der Satz falsch ist.

40. Aus $\frac{a}{b} > 0$ und $b \neq 0$ folgert ein Schüler: $ab > 0$.

(1) Die Schlußfolgerung ist korrekt.

(2) Die Schlußfolgerung ist nur korrekt, wenn $a > b$ gilt.

(3) Die Schlußfolgerung ist nur korrekt, wenn $a < b$ gilt.

(4) Die Schlußfolgerung ist nur korrekt, wenn $a > 0$ gilt.

(5) Die Schlußfolgerung ist nur korrekt, wenn eine andere Bedingung für a und b beachtet wird.

41. Aus $bx - y = x - by$ folgert ein Schüler: $b = 1$. Unter welchen Bedingungen ist diese Schlußfolgerung korrekt?

(1) Die Schlußfolgerung ist für beliebige Werte von x und y korrekt.

(2) Die Schlußfolgerung ist nur korrekt, wenn x und y voneinander verschiedenen Zahlen sind.

(3) Die Schlußfolgerung ist nur korrekt, wenn $x \neq 0$ und $y \neq 0$ gilt.

(4) Die Schlußfolgerung ist nur für ganzzahlige Werte von x und y korrekt.

(5) Die Schlußfolgerung ist nur korrekt, wenn eine andere Bedingung für x und y beachtet wird.

42. Jemand löst die Gleichung $(2x - 3\frac{1}{2})^2 = (2x - 1)^2$ folgendermaßen:

Schritt A: Zieht man die Wurzel auf beiden Seiten, so ergibt sich $2x - 3\frac{1}{2} = 2x - 1$.

Schritt B: Subtrahiert man 2x von beiden Seiten, so ergibt sich $-3\frac{1}{2} = -1$.
Darauf folgt: Die Lösungsmenge ist leer.

(1) Die Schlußfolgerung ist korrekt.

(2) Die Schlußfolgerung ist falsch, weil man die Wurzel nicht ziehen darf.

(3) Die Schlußfolgerung ist falsch, weil man zur Lösung einer solchen Gleichung in jedem Fall erst die Klammern auflösen muß.

(4) Die Schlußfolgerung ist falsch, weil die beiden Seiten der Gleichung nicht äquivalent sind.

(5) In der Schlußfolgerung steckt ein anderer Fehler.

43. Anna löst die Gleichung $\frac{1}{x-5} = \frac{5}{12x-60}$ so:

Schritt A: Sie zerlegt den Nenner auf der rechten Seite und erhält: $\frac{1}{x-5} = \frac{5}{12(x-5)}$.

Schritt B: Sie multipliziert beide Seiten mit $x-5$ und erhält $1 = \frac{5}{12}$.

Aus dieser Gleichung schließt sie: Die Lösungsmenge ist leer.
(1) Der Lösungsweg ist einwandfrei.
(2) Der Lösungsweg ist fehlerhaft, weil man nicht beide Seiten mit $x-5$ multiplizieren kann.
(3) Der Lösungsweg ist fehlerhaft, weil man bei einem anderen Vorgehen ein anderes Ergebnis erhält.
(4) Der Lösungsweg ist fehlerhaft, weil man ein anderes Ergebnis erhält, wenn man „über Kreuz multiplizert" (d.h. „linker Zähler mal rechter Nenner gleich linker Nenner mal rechter Zähler").
(5) Die Lösung ist aus einem anderen Grund falsch.

44. P sei ein Produkt von vier aufeinanderfolgenden ganzen Zahlen. Die *größte* ganze Zahl, die P *in jedem Fall* (ohne Rest) teilt, ist
(1) 1;   (2) 6;   (3) 12;   (4) 24;   (5) 36.

45. Gegeben ist eine quadratische 3mal 3-Zahlentabelle, in der nur die Zahlen 0 und 1 (in beliebiger Anordnung) auftreten. Wir bezeichnen die Summe der Zahlen in der ersten Zeile mit a_1, die Summe der Zahlen in der zweiten Zeile mit a_2, und die Summe der Zahlen in der dritten Zeile mit a_3. Entsprechend bezeichnen wir die Summen der Zahlen in jeder der drei Spalten mit b_1, b_2, b_3. Betrachte die Summe
$S = a_1 + a_2 + a_3 + b_1 + b_2 + b_3$. Diese Summe
(1) ist niemals gerade.
(2) ist niemals ungerade.
(3) kann jeden Wert zwischen 0 und 18 annehmen.
(4) muß durch 3 teilbar sein.
(5) kann niemals eine Primzahl sein.

46. Gegeben sei ein gleichschenkliges Dreieck ABC mit $\overline{AB} = \overline{AC}$. In dieses Dreieck sei ein gleichseitiges Dreieck DEF einbeschrieben, daß D auf AB, E auf AC und F auf BC liegt. Sei $\alpha = \angle$ BFD, $\beta = \angle$ ADE, $\gamma = \angle$ FEC. Welche der folgenden Aussagen ist dann wahr?
(1) $\alpha - \gamma = 2\beta$;
(2) $\alpha + \gamma = 2\beta$;
(3) $\beta - \gamma = 2\alpha$;
(4) $\beta + \gamma = 2\alpha$;
(5) $\alpha + \beta + \gamma = 180°$.

47. In einer Ebene mit rechtwinkligem Koordinatensystem wird jeder Punkt durch ein geordnetes Zahlenpaar (x, y) beschrieben. Wir definieren mit $|x_1 + x_2| + |y_1 + y_2|$ einen „Abstand" zwischen zwei Punkten (x_1, y_1) und (x_2, y_2). Welche Figur bilden alle Punkte der Ebene, die – entsprechend unserer neuen Definition von „Abstand"! – „gleichweit" vom Punkt $(0, 0)$ entfernt sind?
(1) Einen Kreis.
(2) Ein Quadrat.
(3) Ein gleichseitiges Dreieck.
(4) Eine Ellipse.
(5) Eine andere Figur.

48. Das Zahlenpaar (2, 2) hat die Eigenschaft: $2 + 2 = 2 \cdot 2$. Welche der folgenden Aussagen ist wahr, wenn nur Paare (x, y) mit x, y $\in \mathbb{R} \setminus \{0\}$ betrachtet werden?
(1) Dies ist das einzige Paar mit dieser Eigenschaft.
(2) Es gibt nur ein weiteres Paar mit dieser Eigenschaft.
(3) Bei allen anderen Paaren mit dieser Eigenschaft ist mindestens eine Zahl negativ.
(4) Bei allen anderen Paaren mit dieser Eigenschaft ist mindestens eine Zahl positiv.
(5) Bei allen anderen Paaren mit dieser Eigenschaft liegt mindestens eine Zahl zwischen 0 und 1.

Literaturverzeichnis

Bloom, B. S., et al. Taxonomy of educational objectives: Handbook 1: Cognitive domain. New York: McKay, 1956.

Bruner, J. S. Learning and thinking. Harvard Educational Review, 1959, **29**, 184–192.

Cambridge Conference on School Mathematics. Goals for school mathematics: The report of the Cambridge Conference on School Mathematics. Boston: Houghton Mifflin, 1963.

Gagné, R. M. Educational objectives and human performance. In J. D. Krumboltz (Hrsg.), Learning and the educational process. Chicago: Rand McNally, 1965. S. 1–24.

Hadamard, J. S. An essay on the psychology of invention in the mathematical field. Princeton, N. J.: Princeton University Press, 1945. (Auch: New York: Dover Publications, 1954.)

The National Council of Teachers of Mathematics. Evaluation in mathematics: Twenty-sixth yearbook. Washington, D. C.: The Council, 1961.

Polya, G. How to solve it: A new aspect of mathematical method. Princeton, N. J.: Princeton University Press, 1945.

Wheeler, D. So what? In F. W. Land (Hrsg.), New approaches to mathematics teaching. London: Macmillan, 1963. S. 139–145.

Empfohlene Ergänzungsliteratur

Eves, H. und E. P. Starke (Hrsg.) The Otto Dunkel memorial problem book. American Mathematical Monthly, 1957, **64** (7), Part 2, 1–89 (Suppl.).

Grabam, L. A. Ingenious mathematical problems and methods. New York: Dover Publications, 1959.

Polya, G. Mathematical discovery: On understanding, learning, and teaching problem solving. New York: Wiley, 1962–65. 2 Bände.

Salkind, Charles T. (Hrsg.) The contest problem book: Problems from the annual high school contests of the Mathematical Association of America. New Mathematics Library, vol. 5. New York: Random House, 1961.

Yaglom, A. M. und I. M. Yaglom Challenging mathematical problems with elementary solutions. Vol. 1. Combinatorial analysis and probability theory. San Francisco: Holden-Day, 1964.

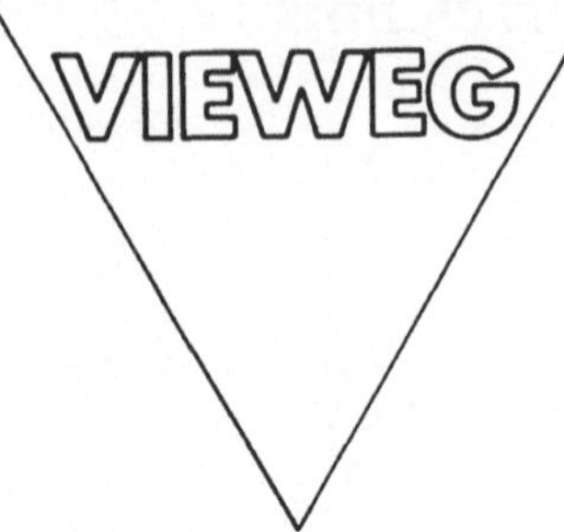

Zum Thema
Mathematik-Didaktik

Erich Wittmann
Grundfragen des Mathematikunterrichts
6., neu bearbeitete Aufl. 1981. X, 200 S. DIN C 5. Kart.

Das Erscheinen der 6. Auflage innerhalb weniger Jahre zeigt, daß das Buch in der Mathematiklehrerbildung aller Stufen auf ein breites und nachhaltiges Interesse gestoßen ist. Es ist Prof. Wittmann gelungen, mit dem Buch eine Einführung in die aktuelle mathematikdidaktische Diskussion und Anstöße zu einer eigenen kritischen Auseinandersetzung mit grundsätzlichen Themen des Mathematikunterrichts zu geben.

Nach größeren Revisionen der Abschnitte über allgemeine Lernziele und über die psychologischen Grundlagen des Mathematikunterrichts bei der 5. Auflage gibt Prof. Wittmann bei der 6. Auflage eine völlige Neufassung der Abschnitte über Erziehungsphilosophie des modernen Mathematikunterrichts, über die intuitive und über die systematische Unterrichtsplanung. Der ursprüngliche in Abschn. 11 dargestellte Rahmen zur Unterrichtsvorbereitung hat sich mehr und mehr als zu schwerfällig erwiesen und er hat vor allem das genetische Prinzip nicht deutlich genug betont. Nunmehr wird bereits bei der intuitiven Unterrichtsplanung in Abschn. 5 volles Gewicht auf das entscheidende Merkmal eines genetischen Unterrichts gelegt: die Konstruktion von zusammenhängenden Problem- und Aufgabensequenzen, bei deren Bearbeitung die Schüler mathematische Einsichten gewinnen. Damit wendet sich der Autor unterrichtspraktisch gegen einen Mathematikunterricht, in dem Mathematik nicht betrieben, sondern lediglich einzelne Begriffe, Sprechweisen und Regeln vermittelt, eingeübt und abgefragt werden.